# Fièvre de Lassa en contexte épidémique Ebola : construction sociale des logiques et pratiques des acteurs dans la commune de Tanguiéta

Achille Ezin **AYALE**

Éditeur: Upway Books
Auteur: Achille Ezin AYALE
Titre: Fièvre de Lassa en contexte épidémique Ebola : construction sociale des logiques et pratiques des acteurs dans la commune de Tanguiéta
ISBN: 978-1-917916-76-9
Couverture réalisée sur Canva: www.canva.com

Cet ouvrage est un ouvrage de non-fiction. Les informations qu'il contient sont fondées sur les recherches, l'expérience et les connaissances de l'auteur au moment de la publication. L'éditeur et l'auteur ont déployé tous les efforts nécessaires pour garantir l'exactitude et la fiabilité des informations fournies, mais déclinent toute responsabilité en cas d'erreurs, d'omissions ou d'interprétations divergentes du contenu présenté. Cette publication n'a pas pour vocation de se substituer aux conseils ou consultations d'un professionnel qualifié. Les lecteurs sont encouragés à solliciter l'avis d'un spécialiste lorsque cela s'avère approprié.

contact@upwaybooks.com
www.upwaybooks.com

## Dédicace

Je dédie ce travail à ma mère Ayénon Sando.

# Sommaire

## Remerciements

De prime abord, nous témoignons nos sentiments de gratitude au Dr Roch Houngnihin, qui a accepté diriger ce travail et dont les conseils ont contribué à améliorer sa qualité scientifique.

A tous les enseignants du Département de Sociologie-Anthropologie (DS-A) pour la qualité de l'enseignement reçu durant notre formation.

Nos vifs et sincères remerciements au Dr Marc Egrot, chercheur à l'Institut de Recherche pour le Développement (IRD), qui a suivi rigoureusement la rédaction du présent mémoire. Nous le remercions également pour nous avoir associé au programme de recherche EbBen, l'épidémie d'Ebola et le Bénin.

C'est aussi l'occasion d'adresser nos chaleureux remerciements au personnel de l'Institut de Recherche pour le Développement (IRD) pour sa franche collaboration.

Nos remerciements :
- à toute l'équipe des "Matins Anthropologiques" pour ses conseils
- à nos guides de terrain, Victoire N'boma à Cobly et Daniel Gnanmi à Tanguiéta.
- aux membres de la famille Ayalè, pour le soutien moral et matériel.
- aux informateurs des communes de Tanguiéta, Cobly et Natitingou pour leur disponibilité.

Enfin, nos remerciements à notre chère épouse Oriana Azokpota, pour son soutien affectif au quotidien.

A tous les amis, nous disons merci pour leur soutien.

## Sigles et acronymes:

| | | |
|---|---|---|
| **AMCES** | : | Association des œuvres médicales privées confessionnelles associatives et sociales |
| **CCNS** | : | Commission catholique nationale de santé |
| **CLAC** | : | Centre de lecture et d'animation culturelle |
| **CPS** | : | Centre de promotion sociale |
| **CS** | : | Circonscription scolaire |
| **CSC** | : | Centre de santé communal |
| **DS-A** | : | Département sociologie-anthropologie |
| **EBBEN** | : | Ebola et le Bénin |
| **FHV** | : | Fièvre hémorragique virale |
| **FLASH** | : | Faculté des lettres, arts et sciences humaines |
| **HSJDD** | : | Hôpital Saint Jean de Dieu de Tanguiéta |
| **IRD** | : | Institut de recherche pour le développement |
| **MS** | : | Ministère de la santé |
| **MVE** | : | Maladie à virus Ebola |
| **OMS** | : | Organisation mondiale de la santé |
| **ONG** | : | Organisation non gouvernementale |
| **PCIME** | | Prise en charge intégrée des maladies de l'enfance |
| **PDC** | : | Plan de développement communal |
| **RGPH4** | : | Recensement général de la population et de l'habitat édition 4 |
| **TETU** | : | Tri évaluation traitement d'urgence |
| **SBEE** | : | Société béninoise d'électricité et d'eau |
| **SONU** | | Soins obstétricaux néonataux d'urgence |
| **UAC** | : | Université d'Abomey-Calavi |
| **UMR** | : | Unité mixte de recherche |

## Liste des photos, cartes et figures

## Résumé

Le premier épisode de l'épidémie de fièvre de Lassa au Bénin est survenu en octobre 2014 dans la commune de Tanguiéta. Cet épisode est intervenu en période d'élaboration du plan de riposte de la maladie à virus Ebola (MVE). Le problème posé par ce travail de recherche est la survenue de la fièvre de Lassa à Tanguiéta malgré le dispositif de veille sanitaire mis en place au Bénin. La présente recherche se propose de résoudre ce problème et s'inscrit dans le cadre du programme de recherche EbBen : Ebola et le Bénin. L'objectif général de cette recherche est d'analyser les pratiques et logiques mises en œuvre par les acteurs sociaux en période de crise sanitaire induite par la MVE dans la commune de Tanguiéta.

La méthodologie adoptée repose sur une approche qualitative. Les entretiens semi-structurés ont été réalisés auprès de 34 personnes. Le choix raisonné, la boule de neige ont été les techniques ayant permis d'identifier les répondants. L'observation participante, la capture d'images photographiques, les entretiens individuels, les prises de note, et la recherche documentaire ont permis de collecter les données dans la période de juillet à octobre 2015.

**Mots clés :** Tanguiéta, épidémie, fièvre de Lassa, survenue, plan de riposte.

## Abstract

The first episode of the Lassa fever epidemic in Benin occurred in October 2014 in the township of Tanguiéta. This episode intervened in period of development of the plan of retort of the EVD. The problem posed by this research work is the occurrence of Lassa fever in Tanguiéta despite the health surveillance system set up in Benin. The present research proposes to solve this problem and is part of the EbBen research program: Ebola and Benin. The general objective of this research is to analyze the practices and logic implemented by the social actors in a period of health crisis induced by EVD in Tanguiéta commune. The adopted methodology rests on a qualitative approach. The semi-structured interviews have been achieved by 34 persons. The choice reasoned, the snowball was the techniques having permitted to identify the answering. The semi-structured individual interviews, the participating observation, the photographic picture capture, the holds of note, and the documentary research permitted to collect the data in the period of July to October 2015.

Key words: Tanguieta, epidemic, Lassa fever, onset, the plan of retort.

10

## Introduction

La fièvre de Lassa est une affection grave, classée parmi les fièvres hémorragiques d'origine virale, à potentialité épidémique. Dans le courant des mois de octobre-décembre 2014, elle a sévi au Bénin, au nord-ouest du pays, notamment dans les communes de Cobly et de Tanguiéta.

La présente recherche s'intéresse à l'avènement, le plan de riposte mis en place par le système sanitaire et les interférences sociales associées. En d'autres mots, la recherche s'intéresse au vécu de cette épidémie par les populations, les soignants et les institutionnels. Elle se focalisera donc sur les représentations sociales des acteurs, les cheminements de soins et les pratiques liées à la prise en charge des cas avérés et/ou suspects.

Il convient de préciser que le présent travail s'inscrit dans le programme de recherche EbBen (L'Epidémie d'Ebola et le Bénin : construction sociale des rumeurs, discours et pratiques relatives à la maladie à virus Ebola et aux mesures préventives), mis en place grâce au partenariat entre le Département de sociologie-anthropologie de l'Université d'Abomey-Calavi (DS-A/UAC) et l'Unité mixte de recherche 224 (UMR 224) de l'Institut de recherche pour le développement (IRD).

Pour rappel, des anthropologues et d'autres chercheurs en sciences sociales travaillant en Afrique de l'Ouest ont créé le réseau EB-SHS (Réseau des Sciences Humaines et Sociales sur Ebola) en septembre 2014, lorsque l'épidémie a touché 5 pays comme la Guinée, la Sierra Léone, le Libéria, le Nigéria et le Sénégal. Ils ont étendu le réseau au Mali, Niger, Ghana, Bénin, Côte d'Ivoire, Cameroun, Burkina Faso et Guinée Bissau pour développer l'analyse des effets sociaux de la lutte contre l'épidémie dans les pays voisins.

Le réseau réunit des chercheurs en sciences sociales, qui a pour but le partage d'information, la mutualisation d'outils méthodologiques et de perspectives d'analyses théoriques de l'épidémie, l'élaboration de programmes de recherches communs ou comparatifs et la coordination de la publication des résultats. Le réseau est coordonné par l'Institut de Recherche pour le Développement avec le support de l'Agence Nationale (française) de Recherches sur le Sida et les hépatites virales (ANRS) et l'Institut de Microbiologie et de Maladies Infectieuses (IMMI)[1].

En effet, la période d'apparition de la fièvre de Lassa au Bénin, plus précisément à Tanguiéta, coïncidait avec l'épisode épidémique de la fièvre d'Ebola de 2014 en Afrique, notamment en Afrique de l'ouest ; le Nigéria, pays frontalier du Bénin, a enregistré 20 cas dont 1 probable et 19 confirmés puis 8 décès[2]. A l'occasion, le Bénin était en alerte d'urgence sanitaire et a mis en œuvre un plan de surveillance épidémiologique qui s'est avéré défaillant dans la détection précoce des cas suspects de la fièvre de Lassa en dépit de la proximité sémiologique de cette dernière avec la maladie à Virus Ebola (MVE). Aussi, l'intérêt de la présente recherche porte-t-elle sur l'historique et la construction sociale des pratiques des professionnels de santé dans la prise en charge de la fièvre de Lassa en contexte d'alerte sanitaire liée au risque épidémique de la MVE.

La structure de ce travail de recherche se présente comme suit : l'état des lieux, la définition de la problématique, la méthodologie, les résultats et l'analyse des données de la recherche.

---

[1]https://shsebola.hypotheses.org/1
[2] Programme EbBen, 2015

# PREMIERE PARTIE : DEMARCHE THEORIQUE ET METHODOLOGIQUE DE LA RECHERCHE

## CHAPITRE I : CADRE THEORIQUE DE LA RECHERCHE

Dans ce chapitre, il est question de présenter l'état de la question qui permet de définir la problématique. A la suite de la problématique, les hypothèses, les objectifs de la recherche sont élaborés.

### 1.1.-Etat de la question

Pour mieux formuler le sujet de recherche, il importe de faire un état des lieux de la documentation disponible. La collaboration entre sciences sociales et santé a constitué l'une des idées de San Martin Hernan (Ndione, 2010). L'auteur souligne la place prépondérante des sciences sociales en matière de santé. Evoquant les dires de Sigerist selon lesquels « l'objectif de la médecine et des professions de santé est social et, en fait, science sociale », il replace l'homme, qui plus est la société au centre de l'analyse. A en croire l'auteur, l'action de l'homme sur son environnement ne saurait laisser la santé permanente ou stable. Du coup, la santé permanente reste une utopie chez l'homme. Tout ce que San Martin veut démontrer, c'est que la santé, aussi bien que la maladie, n'existe pas en elle-même indépendamment de l'homme et de son environnement. Elle serait plutôt liée au mode de vie humain, aux conditions économiques, culturelles et sociales qui sont très variables d'une société à une autre (Ndione, 2010). Ainsi, la maladie à virus Ebola et la fièvre de Lassa sont des maladies graves pour l'homme. Elles peuvent être mortelles faute d'un traitement et de soins appropriés. La flambée de maladie à virus Ebola surviennent principalement dans les pays tropicaux d'Afrique centrale et d'Afrique de l'Ouest. L'épidémie de la MVE en Afrique de l'Ouest a, en un peu plus deux ans, provoquée, selon l'OMS, 28 646 cas et 11 323 morts dans dix pays. A titre illustratif, la Guinée a enregistré jusqu'au 29 décembre 2015, 3 804 femmes, hommes et enfants qui ont été déclarés infectés et 2 536 en sont décédés (Anoko, 2016). La dernière épidémie de fièvre virale importante est la maladie à virus Ebola survenue en Guinée Conakry, Liberia et

14

Sierra Leone, a permis de comprendre que ce ne sont pas des maladies à négliger, tant du point de vue de la santé publique que de celui de la recherche en sciences sociales, en vue de renforcer les capacités des états et des institutions internationales à y faire face efficacement (N'koué, Danko, & Ridde, 2015) ; au regard des modes d'actions de l'épidémie et des ravages qu'elle occasionne.

Pour mémoire, le virus de la fièvre de Lassa, isolé en 1969 chez les rongeurs *Mastomys natalensis*, se transmet à l'homme soit par contact direct ou contact indirect par les excréments d'animaux infectés (Aubry, 2014). L'infection inter-humaine survient surtout en milieu hospitalier et est d'origine nosocomiale. La fièvre de Lassa sévit de façon endémique en Afrique de l'ouest, notamment au Nigeria, en (Guinée, au Liberia et en Sierra Leone), avec un taux de létalité de 15 % de décès (Aubry, 2014). Au regard de son potentiel épidémique, son interférence sociale va sans dire.

Aussi, l'anthropologie médicale s'attèle-t-elle à mettre en évidence les ressorts sociaux qui entrent en ligne de compte dans la prise en charge des fièvres d'origine virale. L'on retrouve à cet effet d'autres anthropologues qui spécifient la tâche qui sied à l'anthropologie médicale dans la lutte contre les épidémies hémorragiques virales (améliorer la connaissance des chaînes de transmission de la maladie ; identifier les comportements des populations locales dans leur diversité psychologique, sociale et culturelle et proposer des interventions appropriées ; faire face aux rumeurs et terreurs provoquées ; humaniser les interventions ; trouver un équilibre entre la mise en place autoritaire des mesures sanitaires et des approches empathiques) (Epelboin, Odugleh-Kolev, Formenty,2012). Epelboin renchérit en s'intégrant, à la liste de tâches, l'analyse de rumeurs en situation d'urgence sanitaire ; l'adaptation des réponses et des protocoles des différentes institutions nationales et internationales aux conditions locales, la priorité à accorder aux approches compréhensives et participatives (Epelboin, 2014).

Par ailleurs, en ce qui concerne l'étiologie de la maladie, Houngnihin et collaborateurs en 2012 ont souligné qu'au niveau des femmes à Houéyogbé (Bénin), les discours sur l'étiologie du paludisme mobilisent différents registres interprétatifs, intégrant aussi bien des notions médicales (le rôle du moustique par exemple), que des représentations populaires en lien avec l'environnement (le soleil, le feu, les travaux physiquement pénibles) ou psychologiques (les soucis). Aujourd'hui, on observe une certaine convergence entre les savoirs populaires et l'approche biomédicale, induite par une évolution des perceptions populaires qui s'inscrivent, par contre, toujours dans une interprétation multi-causale. Ce syncrétisme qui résulte de l'intégration de la perception biomédicale dans la conception traditionnelle de la maladie concerne aussi bien les étiologies que les symptômes du paludisme pendant la grossesse. La fièvre, les maux de tête, les courbatures, la fatigue et les vomissements sont les signes concomitants qui font penser au paludisme. Les modifications des urines et la pâleur des paumes et du visage marquent le début des inquiétudes chez les segments sociaux qui illustrent la gravité de la maladie par l'importance de ces symptômes chez la femme et le fait que deux vies soient mises en jeu.

Ces différentes analyses mettent en évidence le fait que les représentations interfèrent avec le modèle d'explication biomédicale et induisent plusieurs formes d'attitudes et de conduites de traitement : résignation, banalisation, négligence et surtout réticence vis-à-vis du recours aux soins dans les formations sanitaires. Les indicateurs socioculturels apparaissent indispensables pour mieux comprendre les logiques et les pratiques. Ils permettent d'expliquer les réticences vis-à-vis des activités de sensibilisation pour la prise en charge des cas. Les représentations sociales, qu'elles soient en accord ou en contradiction avec le modèle d'explication biomédicale, doivent être utilisées comme point focal pour améliorer les stratégies de lutte contre les maladies (Houngnihin, Odounlami, & Caron, 2012).

Bégot indique qu'il y a deux types de réactions produites par l'apparition des

16

épidémies : la peur et le déni. La peur provoquée par l'épidémie cristallise les rapports sociaux. Elle provoque également la stigmatisation sociale de certaines populations (Bégot, 2000).

Comme dans de nombreux pays, les stratégies empruntées par les patients et leur famille pour accéder aux soins varient en fonction de leur revenu, de leur niveau d'étude et de leurs croyances. Mais une des caractéristiques guinéennes, que l'on rencontre également dans des pays voisins (Badji et Desclaux, 2015) est la pratique courante de l'automédication qui est utilisée par tous les patients en milieu rural comme urbain (Somparé, 2017).

Le recours aux guérisseurs est également très fréquent, puisque les croyances traditionnelles, encore partagées par une importante partie de la population, imputent les causes des maladies à des éléments magico-religieux ou à la sorcellerie. De plus, dans le savoir populaire, il existe une classification des maladies qui voudrait que certaines d'entre elles puissent être traitées à l'hôpital, alors que d'autres rendraient le recours à la médecine traditionnelle inévitable, par exemple : les maladies mentales, les hémorroïdes, certains types de fibromes, etc. Dans beaucoup de cas, les patients naviguent entre la médecine traditionnelle et moderne, en réalisant un véritable « syncrétisme thérapeutique » (Jaffré et Olivier de Sardan, 2003). En ce qui concerne le risque et la peur de contamination, d'autres chercheurs ont centré leur analyse sur les dimensions sociales de l'épidémie de MVE survenue en Afrique centrale et en Afrique de l'ouest (Epelboin, 2009; Desclaux, 2006) et récemment en Afrique de l'ouest 2014 [(Epelboin, 2014c)(Anoko, Epelboin, and Formenty 2014)(Epelboin, 2014b)]. Ils ont basé leur analyse sur l'impact de la peur face aux risques de contagion et notamment l'influence de cette peur dans la construction des réponses sociales face à l'épidémie mais aussi des soignants à l'égard des personnes malades (Egrot et Houngnihin, 2014).

Le risque de contamination exprimé par les populations augmente le taux d'incidence d'autres affections dans les formations sanitaires. D'après une étude publiée dans la revue The Lancet Infectious Diseases, le nombre des cas de paludisme enregistré a affiché une baisse drastique depuis le début de l'épidémie d'Ebola en Afrique de l'ouest. Dans le même temps, dans les régions non touchées par la MVE, la situation n'a pas changé. Le paludisme est ainsi resté dans l'ombre du nouveau virus mortel, les médecins locaux ayant été massivement engagés dans la lutte contre Ebola. Pourtant les chercheurs supposent que les patients atteints de paludisme ont évité les centres de soins par peur de contracter Ebola ou d'être envoyés dans les centres de traitement Ebola.

La connaissance des théories locales, populaires et savantes, « scientifiques, parascientifiques et religieuses de la souillure et de la contamination va permettre d'apprécier et d'anticiper les usages sociaux et politiques, individuels et collectifs du malheur, notamment en termes de stigmatisation des individus et populations atteints et/ou jugés responsables de la propagation de l'épidémie ». L'analyse faite par Vanessa Manceron de l'histoire de l'oiseau contaminé par le virus de la grippe aviaire, retrouvé mort dans un étang de l'Ain en France au printemps 2006, avec un élevage de dindes décimé à la suite de cette découverte, montre bien les points de vue et intérêts partisans contradictoires des éleveurs, des propriétaires d'étangs et des différentes autorités politiques et sanitaires, des consommateurs, s'accusant réciproquement de propager la maladie, voire niant l'existence du virus (Epelboin, 2009a).

A la suite de la question de recherche vient la problématique du sujet de recherche.

## 1.2-. Problématique

Alors que le virus Ebola continue de faire des victimes en Afrique de l'Ouest, le Bénin fait face à l'épidémie de fièvre Lassa. Bien qu'ayant été décrit pour la première fois dans les années 1950, le virus à l'origine de la fièvre de Lassa n'a été identifié qu'en 1969. Il s'agit d'un virus à ARN (Acide ribonucléique)[3] simple brin appartenant à la famille des *Arenaviridae*. Environ 80% des personnes contaminées par le virus de Lassa n'ont pas de symptômes. Une infection sur 5 entraîne une atteinte sévère de plusieurs organes comme le foie, la rate et les reins.[4]

L'apparition de la fièvre de Lassa au Bénin en octobre 2014 dans la commune de Tanguiéta soulève non seulement des questions de santé publique, d'efficacité du système sanitaire à y faire face, mais aussi socio-anthropologiques du fait des interférences sociales dans la gestion de l'épidémie. Au moment des faits, l'alerte à l'épidémie a été tardive, puis l'épidémie est restée invisible au système sanitaire à ses débuts. N'eut été l'intervention d'une équipe nationale dépêchée par le ministère de la santé et le soutien d'experts du CDC Atlanta (Centres pour le contrôle et la prévention des maladies)[5] de l'OMS et de l'UNICEF, en mission diplomatique de travail au Bénin, la détection de l'épidémie de fièvre de Lassa n'aurait, peut-être pas, été possible, à la limite aurait été d'avantage tardive avec le corollaire socio-sanitaire épidémique. C'est à la suite du décès suspect de quatre membres du personnel de santé de l'hôpital de Tanguiéta sur une courte période (entre le 23 octobre et le 3 novembre), qu'une investigation dans la zone a été menée. Car le malade de Lassa présente des signes tels que la fièvre, les maux de tête, des myalgies, des nausées, des vomissements, des diarrhées, de la toux et des douleurs abdominales. Il s'agit des affections telles que le paludisme, la grippe, la fièvre typhoïde le choléra et autres auxquelles les

---

[3] http://www.who.int/mediacentre/factsheets/fs179/fr/
[4] http://www.who.int/mediacentre/factsheets/fs179/fr/
[5] http://apps.who.int/iris/bitstream/10665/144572/1/Benin-FievreLassa.pdf

19

soignants sont quotidiennement confrontés.

Le pluralisme médical (Benoist, 1996)s'accommode aussi bien dans le contexte de la fièvre de Lassa et le cheminement de soins comme l'a souligné Kpatchavi dans sa thèse intitulée « Savoirs locaux sur la maladie chez les *Gbe* au Bénin : le cas du paludisme. Éléments empiriques pour une anthropologie de la santé » (Kpatchavi, 2011).

Dans le même ordre d'idée d'interprétation de la maladie, Desclauxa montré que l'analyse des modèles explicatifs de la maladie met en exergue des types d'interprétations données. A ce propos, elle évoque les interprétations sorcellaires en Afrique centrale, une représentation de la maladie admise comme une donnée naturelle d'origine miasmatique. Cette approche d'analyse rejoint des entités nosologiques locales qui ne font pas intervenir le surnaturel, telles que celles qui correspondent grossièrement à la lèpre ou à la fièvre/palu. La maladie serait portée par l'air et le vent, et pour s'en protéger il conviendrait de s'éloigner des villages pour se replier en forêt, d'instaurer la ségrégation des malades, et de pratiquer des rituels de protection, dansés par les nganga (thérapeutes traditionnels) » (Desclaux, 2006). Ainsi, la survenue d'une maladie appelle aux interprétations diverses des acteurs sociaux et aux recours thérapeutiques.

Le problème que pose la présente recherche est la survenue de la fièvre de Lassa en pleine crise sanitaire régionale induite par l'épidémie de la MVE, malgré le dispositif de veille sanitaire en république du Bénin. Comment la prise en charge de la fièvre de Lassa a été assumée par les différents acteurs (populations, soignants, les malades eux même) pour échapper au système sanitaire en contexte de la maladie à virus Ebola. Comment cette épidémie a été gérée par les acteurs sociaux impliqués dans les centres de santé de la commune de Tanguiéta?

Ainsi, la question majeure qui émerge est de savoir comment se fait-il qu'en contexte de menace épidémique Ebola, la fièvre de Lassa a pu passer inaperçue au système de veille sanitaire dans les centres de santé à Tanguiéta?

**1.3-Hypothèses**

Pour répondre à cette question de recherche, la formulation de quelques hypothèses s'impose.

- Les actions (collectives ou individuelles) des professionnels de la santé en période épidémique interfèrent dans le fonctionnement du système d'alerte des centres de santé à Tanguiéta.
- La similitude sémiologique de la fièvre de Lassa à celle des autres affections quotidiennes diagnostiquées dans les centres de santé est source de "bricolage" dans la prise en charge des cas suspects.

**1.4.-Objectifs de recherche**

**1.4.1.- Objectif général**

Analyser les pratiques et logiques mises en œuvre par les acteurs sociaux en période de crise sanitaire induite par la MVE dans la commune de Tanguiéta.

**1.4.2.- Objectifs spécifiques**

- Décrire l'influence des pratiques sociales des acteurs sur le fonctionnement du système d'alerte épidémiologique dans les centres de santé de Tanguiéta.
- Montrer en quoi l'importance accordée aux étiologies autres que biologiques du dysfonctionnement organique détermine le bricolage dans la prise en charge des cas suspects de la fièvre de Lassa à Tanguiéta.

**1.5.-Justification du choix du sujet**

La fièvre de Lassa a un potentiel épidémique non négligeable du point de vue de la santé publique. Le premier épisode de la fièvre de Lassa au Bénin a été en octobre-décembre 2014 dans le nord-ouest du pays, précisément dans la commune de Tanguiéta, en contexte de menace de l'épidémie de MVE au Bénin. En effet, la MVE sévissait dans la sous-région et s'était manifestée aux portes du Bénin, notamment au Nigéria, frontalier du Bénin.

Pour la circonstance, le système sanitaire béninois avait mis sur pied un dispositif pour faire face à toute éventualité de crise sanitaire. Nonobstant cela, l'alerte de l'épidémie de fièvre de Lassa, à sémiologie similaire à celle de la maladie à virus Ebola, a été tardive. Aussi, l'historique de l'épidémie et sa prise en charge en période d'alerte sanitaire liée au risque épidémique de MVE sont particulièrement intéressantes à étudier du point de vue de l'anthropologie et de la santé publique à cause de ses multitudes approches pouvant servir à étudier un fait. Ceci permet de comprendre le fonctionnement des structures sanitaires en phase des situations de crise sanitaire.

**1.6.- Clarification conceptuelle**

Les concepts définis ci-dessous sont fonction de l'intérêt de la problématique du sujet de recherche. Ceux en lien avec la problématique porte sur les représentations sociales, la construction sociale, et les pratiques des professionnels de santé

**Représentations sociales** : Les représentations sont qualifiées de sociales dans la mesure où elles sont le produit et le reflet de processus sociaux et dans la mesure où elles sont partagées par les individus d'un même groupe auquel elles confèrent une certaine spécificité (Guimelli 1994). Le concept de représentations sociales tire son essence du latin repraesentere et du repraesentatio « action de mettre sous les yeux » (Akoun and Ansart 1999). On doit l'origine de ce concept phare de la psychologie sociale à Emile Durkheim (Durkheim 1990) qui dès 1897 opposait les représentations individuelles et les représentations collectives (Marchand 2002).

Il s'agit d'un processus cognitif socialement construit, partant des perceptions et de l'interprétation humaine de la réalité sociale et de tout ce qu'y trouve. Les représentations aboutissent donc au développement des modèles d'interprétation et d'explication, socialement partagés au sein d'un groupe social. Ces représentations, une fois construites, font aussi l'objet de valorisation et de transmission sous forme de corpus de savoir populaire et ne demeurent pas non plus sans influence sur les acteurs sociaux.

En effet, ce savoir collectif, transparaît dans les discours des acteurs, détermine pour une grande part leurs comportements et leurs pratiques en plus de s'articuler en permanence avec l'expérience individuelle, avec les représentations mentales et psychologiques propres à chaque individu (Abric, 2003).

Dans le cadre de ce travail, les représentations sociales sont la façon dont les acteurs se construisent la fièvre de Lassa, l'image qu'ils se font de cette épidémie. Elles déterminent les comportements, les logiques et les pratiques des acteurs sociaux dans la prise en charge des cas suspects.

**Construction sociale :** La notion de « construction sociale » est à la mode dans les différentes sciences sociales et l'on rencontre fréquemment des travaux de recherche retraçant « la construction sociale » de tel ou tel phénomène ; mais également des synonymes tels que « l'invention », la « naissance », la « production » ou encore la « fabrication » d'un fait ou d'une catégorie sociale. Dans la plupart des textes où elle est mobilisée, la notion de « construction sociale » n'est ni développée ni explicitée en elle-même, comme si elle allait de soi et pouvait être comprise de tous.

Dire que le phénomène ou l'institution A est socialement construit signifie :
- que A n'est pas naturel, inévitable, qu'il aurait pu être différent ou ne pas exister dans une autre configuration sociale ou historique ;

- mais que A est généralement tenu pour naturel, acquis, stable, ou défi ni une fois pour toutes. Il n'est donc pas inutile d'en souligner les aspects « socialement construits » face aux travaux qui les réfutent. Ian Hacking précise que certains auteurs se réclamant du constructivisme vont plus loin en postulant que A est médiocre tel qu'il est et devrait être remplacé par un Bmeilleur. Cette posture critique pose un problème de cohérence théorique : au nom de quoi justifier que B serait « meilleur ».?.C'est pourquoi beaucoup de recherches sociologiques évitent les jugements de valeurs (Loriol, 2012).

**Pratiques professionnelles :**

Dans le sens le plus courant, une pratique est toute application de principes qui permet d'effectuer concrètement une activité, qui permet donc d'exécuter des opérations, de se plier à des prescriptions. Comme dit précédemment, une pratique permet de réaliser la tâche prescrite. La pratique renvoie aux procédés pour faire et non au faire et aux gestes. Elle est à la fois la règle d'action et sa mise en œuvre. Elle a une double dimension : d'un côté les gestes, les conduites et les langages, de l'autre, les objectifs, les stratégies (manière d'organiser une action pour arriver à ses résultats) et les idéologies (système d'idées et vision du monde) qui sont invoquées ; travailler sur les pratiques permet alors de connaître les processus et les valeurs qui guident nos actions dans le cadre du travail (Lyonnet, 2007).

Professionnel, cet adjectif signale que les pratiques dont il sera question sont celles-ci et point d'autres : autrement dit, avant de qualifier quelque chose, le mot « professionnelles » délimite ; il écarte ce qui n'est pas. Lors d'une séance d'analyse de pratiques professionnelles, il ne conviendra pas de s'attarder sur d'autres pratiques que celles mises en œuvre dans le cadre de l'exercice de la profession.

Lorsque les pratiques sont abordées et connues par le discours, ce ne sont pas elles qui sont visées, mais ce que les auteurs peuvent en dire, en percevoir, en ressentir. L'animateur recherche avant tout à faire émerger la deuxième dimension des pratiques, à savoir les objectifs, stratégies et idéologies des membres du groupe.

La maladie à virus Ebola et la fièvre de Lassa sont des maladies grave pour l'homme. Elles peuvent être mortelles faute d'un traitement et de soins appropriés. Les flambées de maladie à virus Ebola surviennent principalement dans les pays tropicaux d'Afrique centrale et d'Afrique de l'Ouest.

Dans le cadre ce travail de recherche, ce concept a permis de faire la description et une analyse complète de la situation épidémique de la fièvre de Lassa en contexte Ebola à Tanguiéta en 2014.

# CHAPITRE II : APPROCHE METHODOLOGIQUE

## 2.1.- Présentation du cadre de recherche

Dans un premier temps, la commune de Tanguiéta sera présentée dans le cadre ce mémoire comme une zone d'étude avec pour site l'hôpital Saint Jean de Dieu de Tanguiéta et dans le second temps la commune de Cobly, la deuxième zone d'étude qui a pour sites le village de Sèrhounguè et le centre de santé de Nanagadé.

### 2.1.1. Historique de la commune de Tanguiéta

La commune de Tanguiéta doit son nom à la dénomination en langue locale de la brèche naturelle de 15 mètres située à l'entrée de la ville. Ainsi l'appellation originelle de la commune est « *Tan Kiéta* » et fait référence à la « *montagne fondue* » (Mairie de Tanguiéta, 2012).

Autre fois, c'est-à-dire avant 1978, la commune regroupait les communes actuelles de Matéri, de Cobly et une partie de Toucountouna.

Les populations de Tanguiéta sont cosmopolites, constituées par vagues successives de mouvements migratoires depuis la boucle du Niger entre le XVIII$^{\text{ème}}$ et le XIX$^{\text{me}}$ siècle grâce à l'insertion du département de l'Atacora dans le circuit de la traite des esclaves et du commerce transsaharien.

Par ailleurs, Tanguiéta a été une étape importante entre Sansanné-Mango et les pays du Sahel pour les caravaniers. Ce groupe est resté attaché jusqu'à ce jour aux activités de commerce et de transport. Son importance à la fin du XIXème siècle se passait sans doute de commentaire puisque Tanguiéta fut choisi par la puissance coloniale pour être le chef-lieu et le pôle d'attraction régional à partir de 1894 (Mairie de Tanguiéta, 2012).

## 2.1.2.-Situation géographique et principales activités économiques

Située au Nord-Ouest de la République du Bénin et plus précisément dans le département de l'Atacora, entre 10°25' et 11°28' de latitude nord et entre 1°2' et 1°55' de longitude est, la commune de Tanguiéta s'étend sur une superficie de 5 647,5 km2 comme l'indique la carte n°1. Le chef-lieu de la commune est situé environ à 50 kilomètres de Natitingou, chef-lieu du département de l'Atacora.

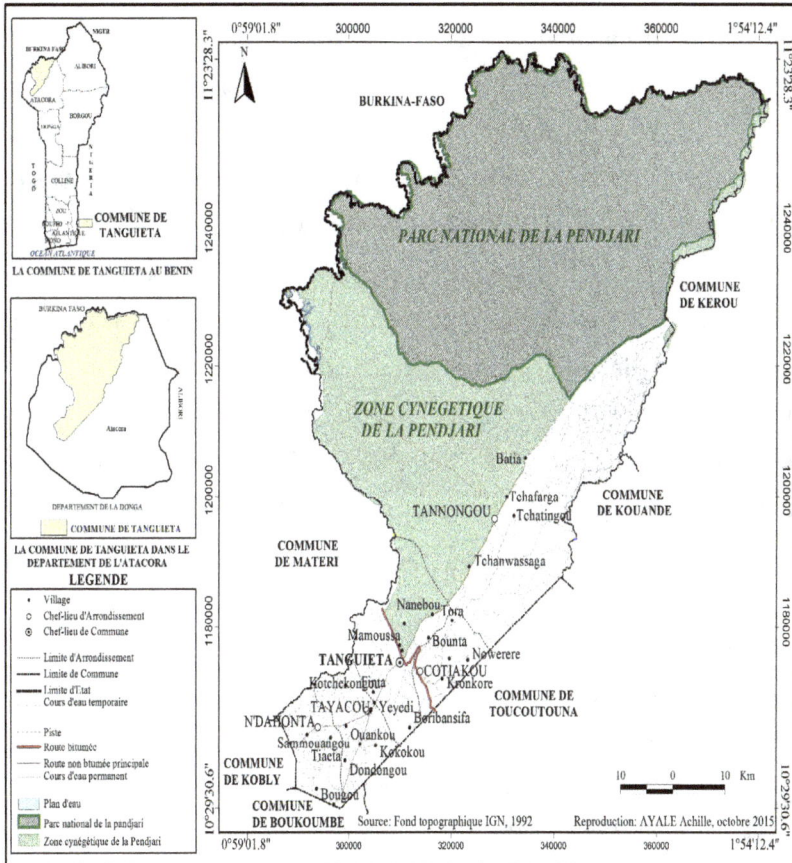

**Carte n° 1 :Carte administrative de la commune Tanguiéta, 2015**

La commune est limitée au Nord par le Burkina-Faso, au Sud par les communes de Boukombé, de Cobly et de Toucountouna, à l'Est par les communes de Kérou et de Kouandé et à l'Ouest par la commune de Matéri.

L'économie locale est caractérisée par l'agriculture, l'élevage, le commerce, la cueillette, la pêche, la chasse, le maraîchage et l'apiculture (Mairie de Tanguiéta, 2012)

**2.1.3.-Historique de l'hôpital de zone de Tanguiéta**

L'Hôpital Saint Jean de Dieu de Tanguiéta, fortement désiré par les Missionnaires et les populations de la région au temps de l'Administrateur Apostolique Mgr Chopard puis de Mgr Patient Redois, a été réalisé entre 1968 et 1970 par les Frères de l'Ordre Hospitalier de Saint Jean de Dieu de la Province Lombardo-Veneta de Milan (Italie). Inauguré le 29 juin 1970, le petit hôpital de 82 lits a commencé par accueillir et soigner les malades dont le nombre grandissant chaque année a nécessité l'agrandissement progressif de l'œuvre et l'amélioration de son plateau technique. Vu son caractère et sa mission, l'Etat béninois l'a exonéré par décret n°179/PR/MFAEP/DD en 1967 des droits de douane et taxes pour tous les articles et matériaux destinés à la construction et à l'équipement du centre. Le 13 avril 1989, le Gouvernement de la République Populaire du Bénin d'alors l'a reconnu par une convention. Il a été ensuite érigé en hôpital de zone, hôpital de première référence detoutes les formations sanitaires périphériques de la zone sanitaire de Tanguiéta, Matéri et Cobly par arrêté ministériel n°6022/MSP/DC/SGM/CADZS du 14 décembre 1998. Il couvre ainsi toute la population de la zone sanitaire estimée à 273 089 habitants en 2014 soit environ les 3% de la population totale du pays.

Situé à 60 km et à 120 km respectivement des frontières du Burkina Faso et du Togo, il est devenu depuis des années l'hôpital de prédilection pour les populations de ces pays. L'Hôpital de zone de Tanguiéta en plus de ses activités ordinaires, est un centre de référence pour la prise en charge des fistules obstétricales, de la chirurgie plastique, de la chirurgie orthopédique, de l'ophtalmologie, de l'ozonothérapie, etc. La présence continue des spécialistes points focaux fait de l'hôpital l'un des centres privilégiés de formation pratique dans les domaines suivants : PCIME (Prise en Charge Intégrée des Maladies de l'Enfant), TETU (Tri Evaluation Traitement d'Urgence) et de SONU (Soins Obstétricaux Néonataux d'Urgence). Par ailleurs, sa convention avec les universités du pays et de l'Europe permet de disposer des étudiants tout au long de l'année dans le domaine de la pédiatrie, de la gynéco et de la chirurgie. L'hôpital Saint Jean de Dieu est membre fondateur de l'Association des Œuvres Médicales privées Confessionnelles Associatives et Sociales (AMCES) crée en 1987. En tant que structure médicale catholique, il fait également partie de la Commission Catholique Nationale de la Santé (CCNS). L'hôpital étant l'œuvre des Frères de l'Ordre Hospitalier Saint Jean de Dieu, sa gestion est assurée en majeure partie par ces derniers. La photo ci-dessous montre le bâtiment abritant le service administratif de l'hôpital.

**Photo n° 1 :**Bâtiment abritant le service administratif, Ayalè, 2015

## 2.1.4.- Situation géographique et administrative de la commune de Cobly et ses sites de recherche

La Commune de Cobly est située au nord-ouest du Bénin dans le Département de l'Atacora.Elle est limitée au nord par la commune de Matéri, au sud par la commune de Boukombé, à l'est par la commune de Tanguiéta et à l'ouest par la République du Togo. La commune de Cobly s'étend sur une superficie d'environ 825 km². La situation géographique ainsi décrite est illustrée par la carte n°2 ci-après.

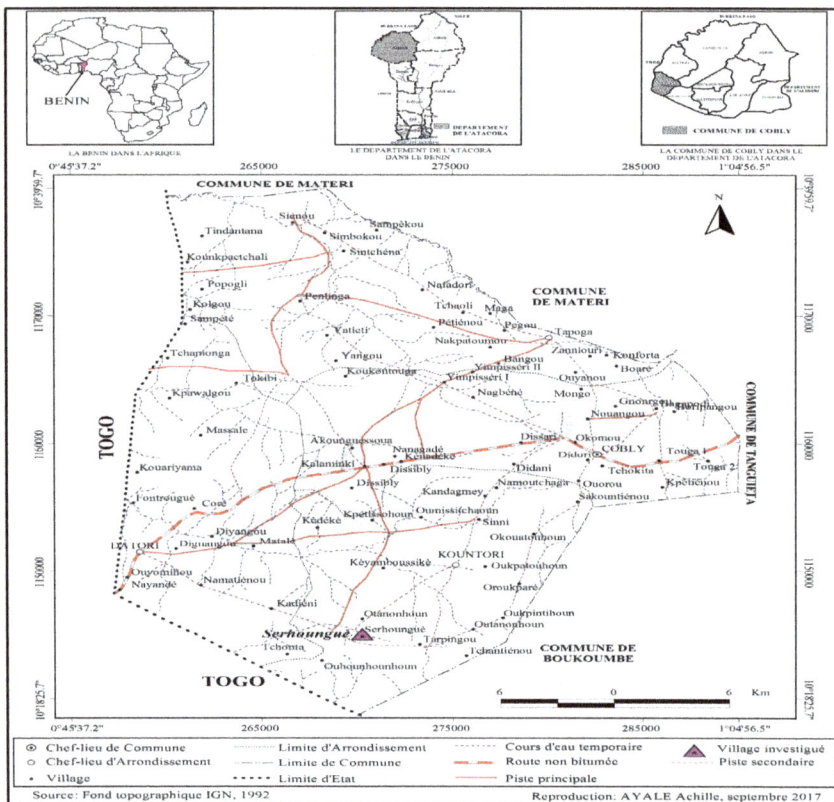

**Carte n° 2 :**Carte de la commune administrative de Cobly, Ayalè, 2015

## 2.1.5. Sites de recherche de la commune de Cobly

Il s'agit dans cette partie de présenter l'analyse situationnelle du village de Sèrèhounguè qui est celui qui a accueilli le cas index de la fièvre de Lassa. Le centre de santé de Nanagadé fera aussi l'objet de présentation car il a accueilli les premiers cas suspects de la fièvre de Lassa venus du village Sèrèhounguè.

## 2.1.6-Le site du village Sèrèhounguè

Situé à 40 km environ à l'Ouest de Cobly centre, le village de Sèrèhounguè est un village situé dans l'arrondissement de Kountori, dans la commune de Cobly, département de l'Atacora. Il est limité au Nord par le village Kèyemboussikè, au Sud par le village Kèkotichièkè, à l'Ouest par Kadiéni et à l'Est par Tarpingou. Il est composé de quatre quartiers ou hameaux. Il s'agit de Sèrèhounguè-Centre, de Ouhounhouhoun, de Moukouoko, de Ouboutanhoun. Photo n°2 ci-dessous montre une vue partielle du village.

**Photo n° 2 :** Vue partielle du village de Sèrèhounguè, Ayalè, 2015

Le village Sèrèhounguè doit son nom à un cultivateur qui habitait au temps des ancêtres dans la zone du village. Dans sa maison, ses enfants mouraient mystérieusement c'est-à-dire avant la fin de la journée plusieurs de ses enfants décédaient et ça ne lui disait pratiquement rien. Un jour, il décida d'aller prendre la boisson dans un cabaret de la place. Quand il s'approcha des lieux, quelqu'un le vit venir et il dit "*Mongo sèdéhounmoun*". Or Mongo est le prénom que portait le monsieur. *Sèdéhounmoun* signifie en M'belmè habillé de la mort. Donc Mongo *sèdéhounmoun* signifie littéralement Mongo s'est bien habillé de la mort et il se déplace avec. *Sédèhounmoun* est devenu son nom. C'est ainsi que cette dénomination est attribuée à sa localité. Les colons ne pouvant prononcer cette expression, disaient plutôt *Sèrèhounguè* d'où le nom du village.

Le village de Sèrèhounguè compte environ 700 habitants selon le conseiller du chef village. Le document du RGPH4 que nous avons obtenu au niveau de la Mairie de Cobly donne le nombre d'habitants par arrondissement comme le montre le tableau 1 ci-dessus. Les personnes influentes du village sont le chef village, les conseillers villageois, le chef de terre.

Il existe un seul chef de terre à Sèrèhounguè. Il s'appelle Nouwémou Namboni. Sèrèhounguè-Centre est le quartier le plus peuplé, suivi de Ouhounhouhoun, de Moukouoko. Ounboutanhoun a enregistré la plus faible densité. Le m'belmè est la seule langue parlée des populations. Cependant il existe une petite minorité des peulhs à Sèrèhounguè-Centre. Les Bèhantiébè et les Bègnonbè sont les deux clans de Sèrèhounguè. A Sèrèhounguè, il y a trois formes de mariages : le mariage coutumier, le mariage par échange et le mariage par "vol", c'est-à-dire par fuite. Dans le cadre du mariage par vol, le jeune homme négocie avec la fille. Le jeune homme et la jeune fille s'entendent bien. L'homme fuit avec la fille une nuit pour destination village du jeune homme. Deux jours après, le jeune homme va annoncer aux parents de la fille que leur fille se trouve avec lui. Si les parents de la fille ne sont pas d'accord, ils peuvent venir chercher leur fille. Dans le cas contraire le mariage est consommé.

En ce qui concerne le mariage par échange, les jeunes filles se font échanger entre les belles familles. Par exemple si le jeune homme qui court une fille dans une famille X a une petite sœur ou une grande sœur, il peut échanger sa sœur en guise de compensation dans cette famille. Donc sa sœur aussi va se marier dans la famille X. Dans ce cas, la dot n'est pas matérielle mais se fait par le lien de sang.

Dans le cadre du mariage coutumier, la jeune fille est montrée, c'est-à-dire donnée à l'homme dès son enfance. Chaque année, l'homme va travailler dans le champ de la belle-famille jusqu'à ce que la jeune fille devienne adulte. Ces travaux effectués représentent la dot.

### 2.1.7.- Religions et sociétés secrètes

L'animisme est la religion la plus pratiquée à Sèrèhounguè. Néanmoins il existe les chrétiens en petite minorité (Ministère de Jésus, Assemblée de Dieu et Christianisme Céleste). L'islam n'existe pas encore à Sèrèhounguè.

Les cérémonies funéraires sont organisées chaque année pendant la saison sèche plus précisément d'Avril à Mai. Elles durent trois à sept jours environ. Les dépenses de ces cérémonies sont souvent effectuées par les familles. Elles servent à acheter des bêtes comme le porc, les moutons, le bœuf, les boissons etc).

### 2.1.8-Organisation politique, économique, santé et formation des jeunes du village

Les responsables politico-administratifs sont : le chef du village et les conseillers villageois. Ceux-ci sont élus par la population. Par rapport à la chefferie traditionnelle, il y a le chef de terre. Les habitants de Sèrèhounguè considèrent ces autorités comme des personnes ressources, et en cas de conflits c'est au chef du village et au chef de terre que la population se réfère.

L'agriculture est l'activité principale de la population. Le maïs, le coton, le riz, l'igname, le sorgho sont les cultures prépondérantes. Généralement la période des semences démarre dans le mois de mai et la période des récoltes commence fin Novembre. L'élevage constitue une seconde source de revenu pour la population. Il s'agit de l'élevage des bovins et de la volaille.

A Sèrèhounguè, il n'y a pas encore un marché. La population se rend dans les marchés environnants pour vendre leurs produits. Il n'existe pas aussi le marché du soir.

La population de Sèrèhounguè se fait soigner au Centre de Santé de Kountori (centre de santé de l'arrondissement) situé à 10 km environ de Sèrèhounguè et/ou chez les praticiens de la médecine traditionnelle. Le village dispose outre d'une caisse à pharmacie gérée par un relais communautaire du projet "Palu Alafia", de huit points d'eau potable dont cinq pompes à motricité humaineet trois puits à grand diamètre répartis dans tous les hameaux du village selon un conseiller du chef de village.

L'éducation occupe une place importante dans la vie de l'homme selon les populations. Ainsi, le village Sèrèhounguè dispose d'une école primaire publique créée depuis 1996. Elle compte actuellement six classes. Les jeunes se font former professionnellement en ville dans les métiers comme la maçonnerie, la couture, la coiffure, la soudure et la menuiserie.

Les SCDA (Service Communal de Développement Agricole) interviennent aussi dans le village. Selon la population, ces derniers ont un rôle important qu'ils jouent dans la communauté car ils sont les plus actifs et sont considérés comme les facilitateurs du développement agricole.

## 2.1.9-Le site du centre de santé de Nanagadé

Le centre de santé de Nanagadé est le deuxième centre de santé de l'ONG Kuweeri. Il est situé dans la commune de Cobly, arrondissement de Cobly et précisément dans le village de Nanagadé à 15km du chef-lieu de la commune. Opérationnel depuis 2002, le centre a connu un développement plutôt rapide et soutenu par les autorités de la zone sanitaire de Tanguiéta dont il relève. Le centre est officiellement responsable d'une aire de responsabilité dont la population en 2013 est évaluée à 13807 habitants (ONG Kuwerri, 2013). Les activités du centre sont exécutées par une équipe composée d'un infirmier major, de six aides-soignants, de trois commis aux fonctions de dispensateur et de caissier, d'un gardien et de quatre aides-soignants en formation (ONG Kuweeri, 2013).

La gestion administrative, matérielle et financière des centres est supervisée par l'ONG Kuweeri avec une équipe composée d'un Coordonnateur, d'une secrétaire et d'un comptable. Des comités de gestion composés des membres issus des communautés environnant les centres et bénéficiaires de leurs prestations, sont installés dans chacun des centres de santé et soutiennent leurs activités (ONG Kuweeri, 2013).

**2.2.-Méthode, outils et techniques de collecte des données,**

L'approche méthodologique retenue tourne autour des points suivants : la recherche documentaire, la capture d'images, les entretiens semi-structurés, les observations directes, la transcription et le trithématique.

**2.2.1.-Nature de la recherche**

L'approche qualitative est la mieux adaptée pour ce sujet de recherche. Cette recherche post épidémique s'appuie sur des faits passés dans le temps, mais l'approche qualitative nous permet d'appréhender l'objet de recherche, et d'user de l'approche compréhensive et émique pour mieux comprendre, du moins en partie, la manière dont la prise en charge des cas suspects est faite par les acteurs impliqués lors de l'épidémie. La démarche inductive se révèle aussi adaptée pour appréhender l'objet d'étude et répondre aux questionnements développés. Elle part des observations et des constats pour permettre la formulation des hypothèses. Donc cette recherche est essentiellement qualitative.

**2.2.2.- Recherche documentaire**

La recherche documentaire fournit les questionnements ainsi que les analyses théoriques et méthodologiques tout au long de la recherche. Dans le cadre de cette recherche, les ressources bibliographiques en ligne, relatives aux sciences sociales ont été utilisées et ont contribué, pour une large part, à constituer notre recherche bibliographique. Il s'agit, en l'occurrence des bases de données bibliographiques de Caïrn, JSTOR, Francis, Science direct. Les portails tels que revues.org, erudit.org, persée.fr ; les classiques des sciences sociales ont servi aussi de références à la recherche bibliographique.

Après le travail portant sur les références scientifiques, la recherche documentaire dans les bibliothèques de la place a été aussi conduite dans les centres de documentation du Ministère de la santé, celui du centre de documentation de la Faculté des sciences humaines et sociales de l'université d'Abomey-Calavi en vue de prendre connaissance des mémoires, des rapports de recherche liés à l'anthropologie et à la santé publique.

### 2.2.3 Méthodes utilisées pour la collecte des données

En début du processus de recherche, un protocole a été préalablement rédigé sous la supervision des coordinateurs du programme EbBen. L'identification des zones d'étude et des sites d'étude a été déjà faite de même que des enquêtes exploratoires. Car d'abord c'est une étude post épidémique. Par conséquent l'enquête exploratoire nous a permis de faire des choix sur ces sites et zones d'études. La zone d'étude couvre une grande superficie d'investigation par exemple une commune. Tandis que le site est une partie spécifique où les entretiens ont eu lieu. Il peut être un village ou quartier de ville, une institution. Ce protocole a également permis de déterminer les catégories et le nombre d'acteurs à interviewer.

Les outils de collecte des données ont été élaborés notamment trois guides d'entretien ; le premier à l'endroit des institutionnels, les autorités politico-administratives ; le second à l'endroit des soignants ; et le troisième guide à l'endroit des populations c'est-à-dire des familles ou des personnes proches des victimes de la fièvre de Lassa. Au cours de la phase de collecte des données, une séance de travail a été organisée par les coordonnateurs, au premier jour de collecte, pour repréciser l'attitude à tenir sur le terrain. Cette réunion a permis de revoir les outils de collecte des données, de tester les matériels de collecte des données tels que l'enregistreur, l'appareil photo. Nous leur faisons lire la note d'information du programme, la fiche de consentement éclairé, en leur expliquant le volet éthique du programme pendant vingt minutes environ avecla contribution de l'interprète. Après l'accord de ces derniers, l'enregistrement proprement s'ensuit.

Les entretiens ont eu lieu à Natintigou dans les locaux de la direction départementale de la santé Atacora-Donga et auprès des personnes ressources, à Tanguiéta à l'hôpital de zone Saint-Jean de Dieu, au niveau du centre de santé communal de Tanguiéta et auprès des populations. Les entretiens ont été réalisés aussi auprès des populations à Sèrèhounguè, un village de l'arrondissement de Kountori dans la commune de Cobly. Ils ont été réalisés à Cobly-Centre auprès des autorités politico-administratives et au centre de santé communal de Cobly. Dans ce sens, l'entretien semi-directif a été utilisé et a permis de laisser les interviewés s'exprimer autant que possible en référence à une série de questions prédéterminées.

Après la méthode, les techniques et outils de collecte ont été aussi définis.

## 2.3.-Techniques et outils de collecte des données

Les outils et techniques de collecte des données sont la recherche documentaire et bibliographique, le carnet de terrain, le guide d'entretien, la grille d'observation, avec leur méthode respectives la grille de lecture, les entretiens semi-structurés, les observations directes et participantes, et enfin la capture d'images photographiques.

### 2.3.1. Carnet de terrain

Dans le cadre de la collecte des données, des notes ont été prises au cours de nos différents entretiens à l'aide du guide d'entretien, pour servir de support et de repères ; des renvois de notes ont été effectués au niveau de certaines données et des observations ont été relevées dans le carnet de terrain.

Les observations ont porté essentiellement sur l'arrivée des patients dans le centre de santé, le trajet du patient dans le centre de santé, la consultation des patients et, dans la mesure du possible, la gestion des déchets médicaux. Enfin, la liste des entretiens, a servi également à noter les codes d'enregistrement à affecter à chaque nom d'enquête. D'autres outils ont été aussi retenus pour la collecte des données, en complément au carnet de notes. Car la qualité des résultats obtenus du terrain est relative aux outils de collectes de données utilisés.

## 2.3.2. Capture d'images photographiques

Dans le cadre de cette recherche beaucoup d'images ont été prises sur le terrain. Elles ont permis d'illustrer certains récits ou/et faits relatifs aux activités des agents de santé rapportés dans le travail. L'intérêt majeur de la photographie est de pouvoir capturer des images qui prennent en compte, simultanément, le cadre, les acteurs, la gestuelle. A cet effet, des images d'emballages des médicaments, celles du centre d'isolement de la prise en charge des malades de la fièvre de Lassa ont été faites, etc.

## 2.3.3. Entretien semi-structuré

L'entretien individuel semi-structuré est la forme d'entretien utilisée car il laisse une quasi totale liberté aux enquêtés. Il permet également de discuter librement avec les enquêtés sans qu'ils ne sentent frustrés ou gênés. Il a été administré au moyen d'un guide d'entretien détaillé à l'aide d'un enregistreur de manière à ce que les entretiens puissent être transcrits intégralement et fidèlement. Nous avons préalablement défini le nombre d'entretiens à réaliser avec les enquêtés. Cela s'est fait en fonction de l'organisation des structures sanitaires parcourus (administration, équipes des soignants) et aussi les différentes grandes lignes abordées dans le guide d'entretien. Le choix de ces personnes s'est aussi fait, en fonction de leur implication dans la prise en charge des cas et des stratégies préventives de l'épidémie de la fièvre de Lassa. Donc les acteurs clés ont été déterminés à travers l'enquête exploratoire.

### 2.3.4. Observation directe

L'observation directe a été continue sur le terrain. Ceci a permis aux enquêtés de gagner notre confiance afin d'éviter certaines frustrations ou mécontentements de la part de nos enquêtés. Selon les réalités du terrain, des observations participantes ont été réalisées.

### 2.4. Technique de traitement et d'analyse des données

Les données de collecte ont été objet de traitement ; un travail de transcription au niveau des entretiens (voire de traduction préalable), du carnet du terrain et des observations. Le logiciel Olympus DSS Player a été mis à profit pour télécharger les entretiens, de l'enregistreur vers à l'ordinateur. Ceci nous a permis de faire facilement la transcription.

La transcription consiste à écrire sur le papier ou à saisir sur un fichier informatique une discussion orale ou des notes de terrain. Les données orales à transcrire sont issues d'entretiens ethnographiques enregistrés sur des supports audio numériques. Les notes issues du carnet de terrain et les descriptions obtenues lors du travail d'observation ont été transcrites. Le biali et le m'belmè[6]ont été traduits en français.

Les entretiens sont réalisés en biali et en m'belmè. Dans ce cas le traitement des données orales recueillies sur le terrain a nécessité un travail qui a associé simultanément un processus de traduction et un processus de transcription. Notons aussi que la traduction consiste à transposer des données orales ou écrites d'une langue initiale dans une autre langue. Ainsi, un entretien réalisé et transcrit a nécessité d'effectuer de manière synchronique une traduction de ces langues en français puis une transcription sous forme de corpus.

L'analyse des données a consisté à un tri thématique, un guide de tri a été élaboré préalablement suivant une grille d'analyse bien définie.

---

[6] Le Biali, langue véhiculaire dans la commune de Tanguiéta
Le M'belmè , langue véhiculaire à Cobly

## 2.5.-Corpus des données

Au total, nous avons enquêté 34 personnes, avec un entretien par personne. Les entretiens ont été enregistrés avec prise de notes à l'appui. Les entretiens enregistrés représentent 1878 minutes (soit 31h00) de discussions avec les enquêtés. Les deux tiers des entretiens ont été transcrits par un transcripteur, le tiers restant par l'étudiant. Nous avons pris soin de vérifier au fur et à mesure de leur traduction et transcription, la qualité des données traduites et transcrites. Le travail de transcription a nécessité 7 à 16 heures de transcription par heure d'entretien ; soit environ 264 heures de travail, à raison de 8h de travail par jour. Il a fallu au total 33 jours de transcription. En outre, en prenant la police Times New Roman en taille 12 avec une interligne de 1.5, le volume des entretiens transcrits est de 925 pages. Les entretiens ont été triés par thématique sur 715 pages environ. Par ailleurs, les données issues du carnet de terrain et des observations ont été transcrites dans un logiciel de traitement de texte.

## 2.6 Population à l'étude

La population d'étude est constituée de 34 personnes adultes vivant dans la ville de Natitingou, Tanguiéta et Cobly. Le choix raisonné et la boule de neige ont permis d'identifier cette population à l'étude. Il s'agit du groupe cible spécifique ci-après : les institutionnelles, ils sont au nombre de 13. Il s'agit des autorités politico-administratives et les responsables des structures de santé. Les soignants sont au nombre de 7. Ce sont les praticiens de la santé et les paracliniques. Les populations sont au nombre de 14 c'est à dire les parents et amis des victimes de la fièvre de Lassa. Cet effectif a été choisi compte tenu de la triangulation et de la saturation des données et ceci en lien avec les méthodes de traitement des données qualitatives.

## 2.7.-Aspects éthique de la recherche

Au début d'une étude d'envergure nationale ou internationale, il urge de procéder à l'obtention de l'avis éthique de la recherche. Ainsi les documents ont été élaborés par les coordonnateurs ou le principal investigateur et soumis au comité au début du mois d'avril 2015. Il s'agit du protocole de recherche, budget de recherche, la note d'information, le formulaire de consentement éclairé les curricula des coordonnateurs et le principal investigateur. Ensuite, Ces documents sont soumis et étudiés par le comité sis à l'ISBA à Cotonou. Enfin le dossier a reçu l'avis favorable pour la mise en œuvre du programme EbBen le 3 juillet 2015.

Pour raison d'exigence éthique et de l'engament vis à vis des répondants, tous les entretiens ont été codés. A cet effet, les entretiens ont requis le consentement éclairé des personnes interrogées. A chaque répondant a été attribué un prénom fictif pour raison de publication. Pour coder les entretiens, les initiales des répondants ont été affectées d'un numéro 01, 02, 03.... Ensuite vient l'initiale du lieu de réalisation des entretiens, l'initiale du chercheur ayant réalisé les entretiens et enfin la date à l'américaine de réalisation des entretiens pour respecter l'ordre chronologique de ces dernières.

# DEUXIEME PARTIE : LOGIQUES ET PRATIQUES DES ACTEURS SOCIAUX DANS LE CONTEXTE DE L'EPIDEMIE DE LASSA A TANGUIETA

# CHAPITRE III : DE L'HISTORIQUE ET L'ETIOLOGIE DE LA FIEVRE DE LASSA A LA DISCRIMINATION SOCIALE DES CAS SUSPECTS A TANGUIETA

## 3.1-Historique de l'épidémie de Lassa et prise en charge des cas suspects en communauté

Cette présentation chronologique repose sur 9 cas suspects décédés pendant la période épidémique. Elle montre la trajectoire de leur contagion, de leur prise en charge et la gestion de leur dépouille. Au sein de ces cas, il en existe qui ont été infectés dans la communauté et d'autres en milieu hospitalier. Nous avons présenté les cas en communauté d'abord tout en gardant le numéro d'ordre de contagion pêle-mêle c'est à dire les cas sont numérotés selon l'ordre de contagion en considérant le récit de nos informateurs.

### 3.1.1-Premier cas : le cas index

Rébecca serait née d'un père nommé Jonas âgé de 39 ans environ et d'une mère qui s'appellerait Chantale, 32 ans environ qui étaient tous bien portants à la naissance de leur fille. Rebecca est le quatrième enfant de ses parents car elle a deux grands-frères et une grand-sœur. Jonas est cultivateur, monogame et est animiste à l'instar de ses frères et sœurs du village Sèrèhounguè. Il faut aussi ajouter selon les enquêtés que la grossesse a évolué normalement jusqu'à terme.

Le cas index est un nouveau-né dont la mère est décédée suite à une hémorragie post accouchement le3 octobre 2014 à Kassouala, village frontalier avec le Nigéria situé à 60 kilomètres environ de Tchaourou, département du Borgou (voir carte n°3 ci-dessous). Suite à ce décès, le veuf, Jonas a décidé d'amener Rébecca, trois jours après sa naissance plus précisément le 6 octobre au village dans sa famille, vivre auprès de ses parents paternels à Sèrèhounguè, un village du nord-ouest du Bénin, dans la commune de Cobly (Carte n° 2). Ce dernier fut adopté par son grand-père paternel, Célestin, un guérisseur réputé de la localité, marié à trois femmes. Il s'agit respectivement de Liliane, grand-mère paternel de Rébecca, première épouse, Ginette deuxième épouse et de Armande qui est la troisième épouse. Ces dernières prirent soin de leur petite-fille. Mais, 9 jours après son arrivée au village soit 12 jours après sa naissance, l'enfant eut la diarrhée et le vomissement, avec une forte fièvre. Selon les données du terrain recueillies auprès des parents de l'enfant, celui-ci a été conduit directement à l'hôpital de zone de Tanguiéta. L'enfant n'a pas été pris en charge par ces parents adoptifs. Car selon eux, un bébé est sensible, il faut le confier aux spécialistes. Ces propos l'illustrent bien :

> « Quand ils m'ont confié cet enfant, en ce moment ma femme-là avait aussi accouché et elle, son enfant était solide. Au lieu de laisser l'enfant-là ici, sans l'amener à Tanguiéta, ils ont refusé en disant que ça va mourir, d'aller le confier aux blancs. Je n'avais pas le choix, j'ai supplié ma femme pour lui dire que si on fait une petite négligence, et l'enfant meurt ils diront que c'est moi qui l'ai tué. Quand elle quittait ici, elle n'était pas malade hein. Ils ont passé deux jours là-bas, la nuit du troisième jour je les vois ici »(Célestin, 75 ans Sèrèhounguè).

Ainsi, le nouveau-né fut conduit dans la nuit du 15 octobre 2014 au service de néonatologie de l'hôpital de zone de Tanguiéta, accompagné de sa grand-mère paternel, Liliane, où il a reçu une consultation du pédiatre du service.
Celui-ci, assisté d'un interprète, établit le bilan clinique du nouveau-né et aboutit à une infection néonatale c'est à dire une infection liée à la naissance. Le nourrisson fut donc hospitalisé au service de la néonatologie de l'hôpital de zone de Tanguiéta à la charge de deux infirmières diplômées d'Etat, et d'une aide-soignante. Les deux infirmières que j'ai nommées respectivement Nadia, 29 ans environ et Clarisse 27 ans. L'aide-soignante je l'ai appelé Zouréhath, elle est âgée de 22 ans environ. Deux jours après son hospitalisation, soit le 17 octobre 2014, il décéda (Ministère de la santé, 2014). Il faut aussi signaler que l'enfant, au cours de son séjour à l'hôpital était mis sous traitement antibiotique car il était considéré comme un bébé à risque. Aucun prélèvement sanguin n'a été effectué sur le nouveau-né selon les informations recueillis sur le terrain et il fut inhumé selon

les rites traditionnels. Il faut aussi signaler qu'après le décès de la petite fille, c'est sa grand-mère qui l'a mis au dos et l'a fait sorti de l'hôpital. Les propos sont relatés par l'un des membres de la famille en ces termes :

> « Oui, ma mère a pris l'enfant et partir, elle a fait là-bas quatre jours et l'enfant est mort. Elle a amené l'enfant ici, on l'a enterré. C'est nous-mêmes qui avons tenus l'enfant-là pour aller l'enterrer»(Lucien01, 18 ans, Sèrèhounguè).

L'enterrement du bébé n'a pas été sécurisé car c'est bien après les décès successifs que les enquêtes ce sont remontées vers le bébé venu de Kassouala. Ce village est indiqué dans la carte administrative de la commune de Tchaourou ci-dessous.

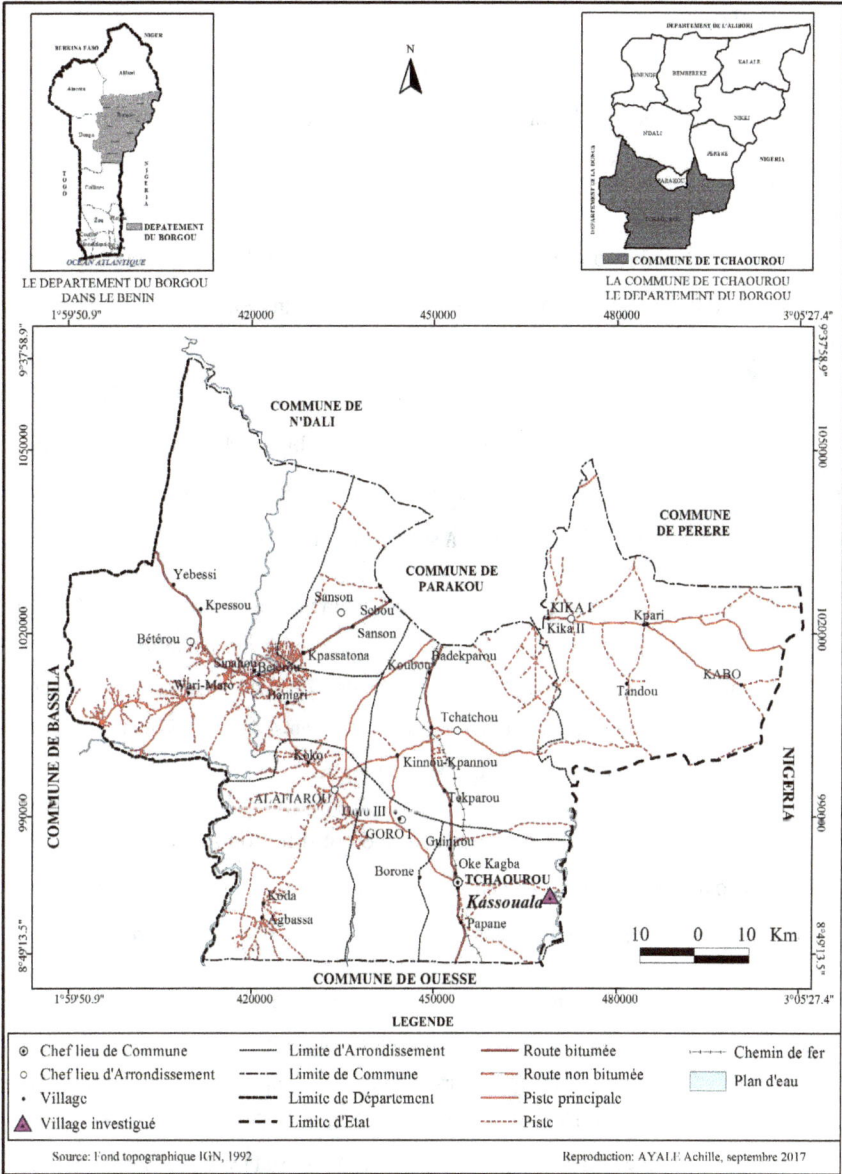

**Carte n° 3 :** Carte de la commune de Tchaourou/Village Kassouala, terrain Ayalè, 2015

### 3.1.2.-Deuxième cas

Le deuxième cas suspect de la fièvre de Lassa concerne l'entourage de Rébecca, le ménage qui l'a accueilli ; en l'occurrence sa grand-mère paternelle, Liliane, âgée de 65 ans environ. C'est elle qui a recueilli sa petite fille. Elle s'occupait de l'enfant c'est à dire lui faire le bain, la nourriture et prend soin de lui, c'est dans sa chambre que l'enfant dort. Et selon la solidarité africaine, les deux autres coépouses, Ginette, 45 ans et Armande 30 ans environ s'occupaient de l'enfant ensemble avec la première.

Elle est tombée malade le 18 octobre 2014 ; se plaignant des maux de tête, de la poitrine, de la fièvre, des maux de ventre, de la diarrhéeetdu vomissement. Elle a reçu un premier traitement auprès de son époux guérisseur. Ce dernier explique les premiers soins apportés à son épouse en ces termes :

> « Quand ça s'est passé comme ça puisque moi-même je soigne, j'ai tenté de soigner comme je faisais aux autres. Je suis allé prendre mes tiyanykité (produits) pour la soigner. Mais ça a refusé et j'ai dit, amenez-la à l'hôpital et ils sont allés à Kountori le soir puis il y avait beaucoup de patients là et ils ont continué à Nanagadé »,(Célestin, 75 ans, Sèrèhounguè).

Le 19 octobre 2014, Liliane a reçu une consultation au centre de santé de Nanagadé par l'infirmier, responsable du centre de santé. Cette consultation est relatée par ce dernier en ces propos :

> « C'est en octobre, que la maternité a reçu une dame aussi qui saignait. Elle n'avait pas de fièvre, elle n'avait aucun signe alarmant, si ce n'est pas le saignement. Elle n'était pas enceinte. Les muqueuses utérines étaient encore bonnes. Si bien qu'on n'a pas pris la responsabilité de chercher à arrêter le saignement avant de la référer, il faut que ça soit géré au centre hospitalier là-bas. Chez elle, elle n'a pas eu un traitement » Christian01, 46 ans, Nanagadé.

Dans ce centre, le diagnostic de paludisme a été posé et elle a reçu un traitement spécifique mais demeuré sans succès durant deux jours d'hospitalisation. Devant cet échec, la patiente a sollicité les services d'un guérisseur, du village de Disapoli dans la commune de Boucoumbé, auprès de qui, elle a rendu l'âme au 12e jour de son séjour chez le tradithérapeute, dans un tableau clinique non précisé, le 31 octobre 2014. « La dépouille mortelle de cette première épouse a été retirée à moto par ses parents, venus du Togo, à Djébonli, localité de Gando, pour être inhumée conformément aux prescriptions traditionnelles. Les conditions d'enterrement de la dame à Djébonli n'étaient pas connues » (Ministère de la santé, 2014). Quant au cas suivant, le troisième, a été aussi considéré dans le rang des acteurs qui ont vécu dans le même ménage que Rébecca.

### 3.1.3.-Troisième cas

C'est Ginette, la deuxième épouse de Célestin. Elle est âgée de 45 ans environ, tombée malade le 19 octobre 2014. Elle se plaignait, à son tour, des mêmes maux que la première femme de Célestin01comme l'exprime leur époux en ces propos : « sa coépouse aussi était malade, elle sentait les mêmes douleurs, elle disait aussi ma tête, mon ventre et ma poitrine » Célestin, 75ans,Sèrèhounguè. Comme la première épouse du vieux, la seconde aussi a suivi un premier traitement auprès de son mari guérisseur avant de se faire prendre en charge au centre de santé Nanagadé le 20 octobre 2014. Elle a aussi sollicité les services d'un autre guérisseur du village de Dikoumini où elle y est restée pendant 11 jours environ pour y rendre l'âme le 2 novembre 2014. « Son inhumation a obéît à la même rituelle que la 1ère épouse. Les décès étant survenus en dehors d'une structure hospitalière, il n'y a pas eu de prélèvements des échantillons biologiques »(Ministère de la santé, 2014).Le cas huit a été contaminé en communauté.

### 3.1.4.-Huitième cas:

Ce cas a vécu dans le même ménage que le cas n°3 et le cas n°4. Il se rapporte à une fillette, un nourrisson âgé de 5 mois environ. Sa maman est Armande 3e épouse de Célestin01 La fillette a souffert d'une convulsion fébrile le 4 novembre 2014. Elle a été amenée pour une consultation par Armande, à l'hôpital de zone de Tanguiéta et hospitalisée 5 novembre 2014. Cet enfant aurait été infecté au cours de l'hospitalisation de sa mère, Armande, la troisième et la plus jeune épouse deCélestin01. Suite à sa prise en charge, « l'état de la 3ème épouse se serait amélioré sensiblement et elle a été libérée. Mais depuis le jeudi 20 novembre elle a été revue dans un état asthénique avancé, une diminution du nombre de battements de cœur, une fièvre, une diminution de l'acuité auditive »(Ministère de la santé, 2014).Cinq jours après son hospitalisation, cet enfant est décédé le 10 novembre 2014. L'enfant et sa mère n'ont bénéficié d'aucun prélèvement pour l'exploration de la fièvre de Lassa.

### 3.1.5.-Neuvième cas

Le dernier cas provient d'une famille du même village que la famille Rébecca. L'enfant, de trois ans, était tombé malade dans la période où les décès successifs étaient enregistrés dans le village Sèrèhounguè. Il était malade le 12 novembre 2014 et présentait une douleur abdominale, il vomissait, il avait aussi une toux sèche. Il a consulté au centre de santé d'arrondissement de Kountori le 20 novembre 2014. Le lendemain, c'est à dire 21 novembre 2014, l'enfant est ramené au centre de santé de Kountori où il a été référé à l'hôpital de zone de Tanguiéta par le major du centre de santé. Ila été hospitalisé ce même jour. Sa maman raconte en ces termes le processus de consultation :

> « A Kountori ? Quand on était arrivé, ils l'ont consulté et ils ont demandé ce qu'il avait et je leur ai dit ! Ils ont écrit et ils nous ont donné des comprimés. Un premier jour ! Et quand on est rentré, on a vu que son corps continuait à chauffer et on est reparti là ! Ils ne nous ont plus consultés. Ils ont dit que son sang manquait et ils nous ont donné un papier et on a continué à Tanguiéta. L'enfant avait le

corps chaud. Et il vomissait et c'est comme ça nous sommes allés au centre de santé Kountori et ils nous ont dit qu'il n'a plus le sang, qu'il est anémié, que de l'amener à Tanguiéta. On était allé et c'est le quatrième jour que l'enfant est décédé » Gisèle01, 22ans, Sèrèhounguè.

Malheureusement, le 24 novembre 2014 il est décédé à l'hôpital de zone de Tanguiéta.

### 3.2. La prise en charge des cas nosocomiaux
### 3.2.1-Quatrième cas:

Ce quatrième cas, est une aide-soignante qui a été contaminée en milieu de travail. Elle est en service à la néonatologie de l'hôpital de zone de Tanguiéta. Elle a 22 ans environ. En effet, elle fait partie des soignants qui ont pris en charge le cas n°1, le cas index puis est tombée malade le 21 octobre 2014. Elle manifestait des douleurs abdominales avec fièvre, faisait du vomissement, de la diarrhée puis des céphalées. Le diagnostic clinique posé a révélé une infection urinaire. Ce diagnostic a été narré par l'un des soignants enquêtés en ces propos :

« On soupçonnait un palu. Un palu et on a vu qu'il y avait une infection qui ne répondait à aucun, aucun traitement antibiotique. Donc on mettait tout, rien ne passait, bon, on soupçonnait une infection mais quel type d'infection ? Jusque-là, personne ne rapprochait ça hein!. Après on a soupçonné un palu, la goutte épaisse n'a rien donné, pratiquement toutes les constances ont régressé en une journée », (Salomon01, 31 ans, Soignant).

Au regard de ce tableau clinique, l'aide-soignante a été hospitalisée et prélevée le 23 octobre 2014. « L'examen biologique des selles a donné une importante flore bactérienne. L'examen de la sphère ORL (Oto-rhino-laryngologie) a mis en évidence une candidose buccale. La patiente est décédée le 2 novembre 2014 dans un tableau de choc septique. L'examen sérologique de la patiente a montré qu'elle est positive pour la fièvre de Lassa. Le corps de la patiente a été traité à la morgue de l'hôpital de zone Saint Jean de Dieu de

Tanguiéta et enterré à Tikou aux environs de Kouandé le 7 novembre. Kouandé est un village situé à une centaine de kilomètre de Tanguiéta » (Ministère de la santé, 2014).

### 3.2.2-Cinquième cas

Le cinquième cas fait partie également des soignants qui ont traité Rébecca. C'est une infirmière diplômée d'Etat, âgée de 32 ans environ, en service à la néonatologie de l'HSJDD ; elle est tombée malade le 23 Octobre 2014. Puis a été admise et hospitalisée ce même jour aux urgences de cet hôpital dans un tableau fébrile à 40°C accompagnée de douleurs des globes oculaires. Avant son admission, elle s'était auto-traitée au Bimalaril sans succès. Elle avait aussi bénéficié d'un traitement anti-palustre par voie veineuse ainsi que d'un anti-inflammatoire. La goutte épaisse s'était révélée négative chez cette patiente. Mais elle autre, elle était connue souffrir de l'hépatite B.

De toute façon, elle a été prélevée le 25 Octobre 2014 pour les analyses de laboratoire. « Sur le plan biologique, la créatinémie a augmenté de 15,2 mg/l à l'admission à 58 mg/l le 02 novembre. Le 03 novembre, la patiente est décédée dans un tableau d'agitation convulsive à 4h 50mn. Au cours de son hospitalisation elle avait à ses côtés son "copain", gérant d'une station à Tanguiéta et sa mère. Après le décès de la patiente, le corps a été enlevé de l'HSJDD de Tanguiéta et amené à Porto Novo pour y être enterré. Les résultats de ses prélèvements sanguins s'étaient avérés positifs pour le fièvre de Lassa »(Ministère de la santé, 2014).

### 3.2.3.-Sixième cas

Aide-soignant, interprète en langues locales des pédiatres, 32 ans est tombé malade le 25 Octobre 2014 pour diarrhée, vomissement, fièvre, céphalée. Il a consulté à l'hôpital de zone de Tanguiéta et a été hospitalisé et prélevé le 25 Octobre 2014. Dans ses antécédents médicaux, il est drépanocytaire connu et suivi médicalement. Il a bénéficié lors de son admission d'un traitement antipaludique à base de quinine et d'un anti-inflammatoire. Entre le 26 et le 30 octobre la fièvre du patient avait un aspect ondulatoire qui est restée ensuite en plateau du 30 au 31 octobre. Le 31 octobre, le patient avait une hyperglycémie de 4g et est décédé dans un tableau d'agitation et une forte augmentation des transaminases. Il est décédé le 31 Octobre 2014 à l'hôpital de zone de Tanguiéta.

### 3.2.4.-Septième cas:

Le septième cas provient aussi du rang de ceux qui ont soigné Rébecca. Il s'agit du médecin pédiatre, âgé de 57 ans environ, il est tombé malade le 31 octobre 2014, souffrant de la diarrhée, du vomissement, de la fièvre, de la nausée. Il a consulté à l'hôpital de zone de Tanguiéta ce même jour. Il a été hospitalisé et prélevée le 03 Novembre 2014.Les investigations conduites *ex post* par le Ministère de la santé apportent des éléments de clarification au sujet du patient « L'interrogatoire a objectivé que les signes avaient commencé 8 jours auparavant et qu'ils avaient nécessité une automédication à base de Fansidar et de Ciprofloxacine. Le patient avait comme antécédents médicaux une insuffisance aortique. La goutte épaisse était négative, les transaminases normales. La fièvre n'avait pas décroché. Le malade a bénéficié de l'administration d'autres antibiotiques dont augmentin » (Ministère de la santé 2014). Ce diagnostic est relaté par un soignant en ces propos :

> « il traînait une toux, et la toux fait partir des symptômes d'une fièvre hémorragique, une toux chronique persistante, où lui-même il avait fait déjà des traitements. C'est un médecin, il a fait de traitements, comment on appelle ça ? Automédication qui n'a pas pris, et c'est là il a appelé le directeur médical, et quand on a pris la température, il y avait une fièvre tellement vraiment…Une température élevée, donc une fièvre, une forte fièvre, les yeux rouges, mais il ne saignait pas oui, il a été considéré, il a été d'abord…Non, pas un cas suspect, mais un cas contact, donc voilà le 03 Novembre 2014, il a été admis en urgence et c'est comme ça le tableau n'était plus bon, et à un moment donné les symptômes se multipliaient »(Salomon, 29 ans, Tanguiéta).

Les résultats des prélèvements sanguins effectués sur le patient s'étaient avérés négatifs à la fois pour la fièvre d'Ebola et la fièvre de Lassa. Il est décédé le 14 novembre 2014, soit 11 jours après le début de son admission dans une structure hospitalière à Cotonou.

Comme bilan épidémiologique, à la date du 5 décembre 2014 on compte : 16 cas enregistrés dont 7 probables, 2 confirmés, 2 suspects et 5 sujets contacts. Parmi les 16 cas enregistrés il y a9 décès (2 confirmés et 7 probables). 5personnes sont considérées comme sujets contacts qui n'ont manifesté aucun signe. Ils sont aussi bien du rang des soignants que des familles du village de Sèrèhounguè. Il s'agit par exemple dans la ville de Tanguiéta deux personnes qui sont en même temps nos enquêtés (Inès01 et Norbert01) respectivement son épouse et jeune frère du cas n°4 décédé. Dans le rang des soignants, il s'agit de 2personnes (une troisième infirmière qui a aussi soigné Rébecca affecté à Péhonco, ville située à 65 km de Tanguiéta, Jules01 (l'un de nos enquêtés), le médecin du personnel. Dans le village Sèrèhounguè, au sein de la famille de Rébecca, il y a 1autre cas. Il s'agit de Armande, troisième épouse de Célestin01, grand-père de Rébecca. D'après le Ministère de la santé, dans le rang des neuf cas que nous venons d'évoquer, tous décédés d'ailleurs, 7 sont considérés comme des cas probables (les cas n°1, 2,3,6,7,8, 9) et le reste confirmé (les cas n°4 et 5) (Ministère de la santé, 2014).

En outre, en guise de synthèse, nous faisons suivre l'arbre généalogique du cas n°1 (Rébecca), les membres de sa famille impliqués par la transmission du virus Lassa.

**L'arbre généalogique des membres du cas n°1 impliqués dans la chaîne de transmission épidémique**

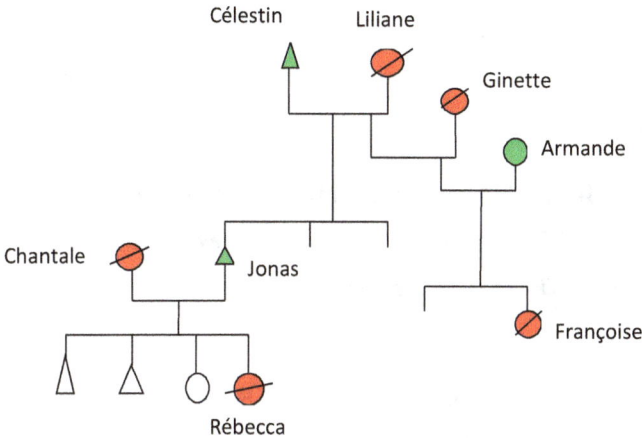

**Figure n° 1 :** L'arbre généalogique de la famille du cas n°1, Terrain Ayalè,2015

Cet arbre généalogique montre le lien de parenté entre le cas index et ses géniteurs de Kassouala jusqu'à Sèrèhoungè à Cobly.

## 3.3 De l'étiologie de la maladie à la discrimination sociale des cas suspects de la fièvre de Lassa

Il s'agit dans ce sous chapitre de décrire les résultats issus des entretiens sur l'étiologie de la fièvre de Lassa, le bricolage de la gestion sanitaire et le cheminement de soins des malades.

### 3.3.1.-Etiologie de la fièvre de Lassa à Tanguiéta et justification émique

Sur 34 entretiens réalisés, tous les informateurs ont évoqué que le cas index est un bébé âgé de moins d'un mois en provenance de Kassouala dans la commune de Tchaourou comme le relate cet enquêté.

> « On était au 14 octobre 2014, c'était un jour de consultation et on a amené un enfant en consultation pédiatrique, c'est un enfant, un nouveau-né. Et l'enfant serait appelé Rébecca, qui serait venu d'un village de Tchaourou.La maman de cet enfant est morte après l'accouchement et l'enfant était tombé malade, on l'avait amené chez ses parents à Kountori » (Salomon, 29 ans, Tanguiéta).

Pour les 12 soignants interviewés, la fièvre de Lassa est une maladie causée par un agent pathogène, un virus. Les témoignages des 4 membres de la famille du cas index évoquent un cas d'infection nosocomiale ; 3 personnes ont attribué la présence de la fièvre de Lassa de Tanguiéta à la porosité des frontières béninoises. La fièvre de Lassa, comparativement à la fièvre d'Ebola est causée par la consommation de la viande de brousse. Cet enquêté l'illustre bien en ces termes :

> « la maladie a commencé par être transmise et il y a des singes qui sont des porteurs sains de ce germe,il y a des singes qui portent le germe mais ne font pas la maladie.Mais quand vous mangez ce singe, vous êtes obligés de faire la maladie.C'est ce qui s'est passé dans d'autres régions et les gens circulent maintenant avec cette maladie.On peut dire maintenant que la maladie est sur Zémidjan en circulation, et c'est par rapport à ça qu'on est obligé de leur expliquer pour les convaincre »(Rodrigue, 62 ans, Tanguiéta).

Les 22 autres interviewés, ont évoqué diversement l'étiologie de la fièvre de Lassa à Tanguiéta. Certains l'attribuent aux conflits opposant les soignants à l'hôpital de zone ; d'autres, par contre, l'attribuent à l'adultère. Car selon les entretiens, les décès enregistrés au sein de la famille de Rébecca, sont liés à l'inceste commis par l'une des épouses de Célestin.

Sur tous les entretiens menés, il y a au moins 8 personnes qui évoquent une étiologie religieuse qui serait due à une punition par une divinité de la famille du cas index. Ceci en lien avec l'inceste commis par les membres de la famille.

### 3.3.2.-Bricolage de la gestion sanitaire de la fièvre de Lassa : du dispositif de veille sanitaire à la prise en charge des cas

Les récits relatifs aux cas suspects enregistrés évoquent que les malades ont eu à faire divers recours thérapeutiques. Les 12 entretiens auprès des soignants et les 4 entretiens auprès des membres de la famille du cas index témoignent que les patients ont fait de l'automédication c'est à dire ils ont eux-mêmes fait les premiers soins à la maison avant de consulter les soignants, des traitements thérapeutiques traditionnels (tisane, poudre), des sacrifices aux divinités. Ces patients ont reçu des traitements liés au paludisme. Selon les 4 membres de la famille index, Rébecca n'a pas fait de multiples recours thérapeutiques ; il a été conduit directement à l'hôpital de zone de Tanguiéta sans transiter par aucun centre de santé périphérique. Les 4 entretiens de la famille évoquent que le reste des cas suspects de la famille ont consulté au centre de santé de la commune de Cobly, au centre de santé de Nanagadé et à l'hôpital de zone de Tanguiéta et aussi chez les tradithérapeutes de la commune de Boucoumbé.

Quant aux cas suspects enregistrés dans le rang des soignants, ceux-ci se sont auto traités avec les antipaludéens et aux autres médicaments auxquels les patients sont habitués pour calmer leur maladie. Car ceux-ci avaient des plateaux cliniques différents. Ils ont consulté à l'hôpital de zone de Tanguiéta et dans les cliniques à Cotonou. En dehors des difficultés liées à la prise en charge, les séances d'inforamation et de sensibilisation ont été organisées pour donner des directives, des orientations liées aux pratiques et auxcomportements adoptés pour prévenir la fièvre de Lassa.

Ainsi, les acteurs institutionnels (responsables départementaux de la santé Atacora-Donga, élus locaux) et les soignants, dans les communes de Tanguiéta et de Cobly, ont été formés sur la prise en charge et les notions relatives à la MVE et la fièvre de Lassa. Les populations ont été également sensibilisées sur les mesures préventives de la MVE et de la fièvre de Lassa. Cette sensibilisation se traduit par l'affichage des posters dans les centres de santé, dans les écoles et même au bord de grandes artères de la ville de Tanguiéta comme le montrent les photos ci-dessous. Elle a permis de noter un changement de comportements au sein des populations tel que l'interdiction de se donner la main au cours des cultes religieux dans les églises, le lavage systématique des mains au retour des champs, la désinfection des calebasses servant à prendre des boissons locales.

Par ailleurs, on note aussi l'installation des systèmes de lavage des mains dans les centres de santé et au niveau des bars restaurants dans les deux communes. La consommation de la viande de brousse a été interdite aussi dans les deux communes. Néanmoins, cette interdiction n'a pas été respectée partout, car on note quelques foyers de résistance dans la consommation des gibiers.

Un centre d'isolement des cas suspects de la fièvre de Lassa a été érigé dans la salle des grands brûlés et dans le service des urgences à l'hôpital Saint Jean de Dieu de Tanguiéta comme le montre la photo ci-dessous.

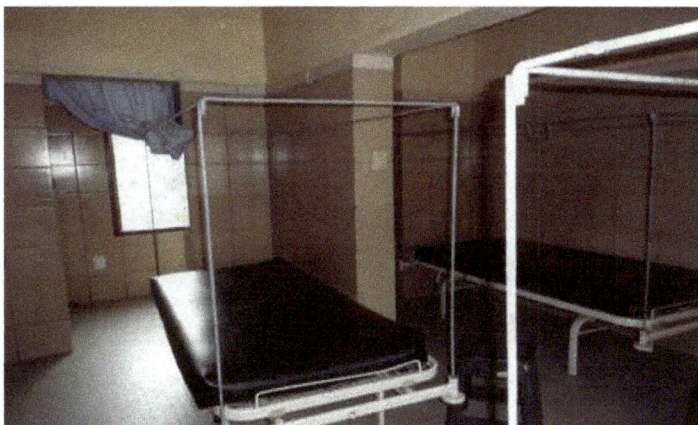

**Photo n° 3 :** Salle d'isolement des cas suspects de la fièvre de Lassa à HSJDD Tanguiéta, Ayalè, 2015

En ce qui concerne l'accueil d'éventuels cas suspects de la MVE et de la fièvre de Lassa, les autorités ont notifié que les dispositions ont été déjà prises et au moment opportun, ils sauront comment gérer la crise.

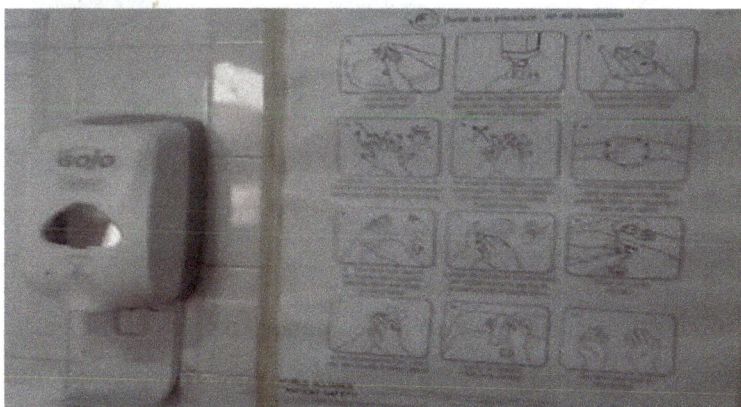

**Photo n° 4 :** Gel hydro alcoolique installé dans la salle de consultation, Ayalè, 2015

**Photo n° 5 :** Système de lavage des mains installé à la pédiatrie HSJDD Tanguiéta
(Ayalè, 2015)

**Photo n° 6 :** Affiche publicitaire Tanguiéta/Prévention MVE, Ayalè, 2015

## 3.4.-Cheminement de soins des présumés malades de Lassa à Tanguiéta

Selon les entretiens faits dans la famille Rébecca, la grand-mère, Liliane a consulté au centre de santé de Nanagadé. Dans ce centre, le diagnostic de paludisme a été posé et elle a reçu un traitement en rapport sans succès. Devant cet échec, la patiente a consulté chez un guérisseur traditionnel du village de Disapoli, dans la commune de Boucoumbé. Les entretiens évoquent également que Ginette, la deuxième femme de Célestin a la même symptomatologie et a

60

consulté chez un guérisseur dans un village voisin de Sèrèhounguè. Armande, la troisième épouse quand elle, a consulté à l'hôpital de zone de Tanguiéta où elle a reçu un traitement en rapport avec la fièvre simple. Suite à ce traitement, elle, son état de santé s'est considérablement amélioré. Au cours de notre séjour sur le terrain elle se porte très bien et un entretien a été réalisé avec elle.

Quant aux soignants, les 12 entretiens portés au niveau de l'hôpital de zone de Tanguiéta évoquent que le diagnostic du premier cas suspect, enregistré parmi le personnel, révélait une infection urinaire. Elle a donc été mise sous ciprofloxacine. Malgré ce traitement, la fièvre a persisté de même que la diarrhée ; ce qui a entraîné une adaptation du traitement avec un ajout d'un antibiotique mais en vain. Le deuxième cas suspect enregistré parmi le personnel, dans ses antécédents médicaux, il est drépanocytaire connu et suivi médicalement. Il a bénéficié de ce fait, d'un traitement antipaludique à base de quinine et d'un anti-inflammatoire. Selon toujours ces entretiens, le troisième cas suspect dans le rang du personnel de l'hôpital est admis aux urgences dans un tableau fébrile de 40°C accompagné des globes oculaires. Avant son admission, il s'était autotraité au Bimalaril sans succès. Il avait bénéficié d'un traitement anti-palustre par voie veineuse ainsi que d'un anti-inflammatoire. La goutte épaisse s'était révélée négative chez ce patient. En ce qui concerne le quatrième cas suspect, enregistré dans le rang des soignants, l'interrogatoire a objectivé que les signes avaient commencé 8 jours auparavant et qu'ils avaient nécessité une automédication à base de Fansidar et de ciprofloxacine. Le patient avait comme antécédents médicaux une insuffisance aortique. La goutte épaisse était négative. Le malade a bénéficié de l'administration d'autres antibiotiques dont augmentin.

Pour les soignants, cette maladie est inconnue, car ce qui a attiré leur attention ce sont les décès enregistrés dans le rang du personnel de l'hôpital de zone. La preuve est qu'un membre de la famille du cas index est hospitalisé dans le service de la médecine générale sans que la fièvre de Lassa ne soit évoquée. Ce qui, les a obligé à faire plusieurs diagnostics.

### 3.5.-Episode de fièvre de Lassa à Tanguiéta, une épidémie « invisible »

Les entretiens avec les soignants évoquent que cette épidémie est passée inaperçue car ce sont les décès successifs enregistrés dans le rang du personnel médical de l'hôpital de zone de Tanguiéta qui a attiré leur attention. De plus, un membre de la famille de Rébecca a été hospitalisé à la médecine générale de HSJDD sans que le diagnostic de la fièvre de Lassa ne soit évoqué. Pour eux, c'est une maladie qui ne paraît pas grave, et dont les signes ne sont pas, trop différents de toutes les affections qu'ils reçoivent tous les jours mais qui passent sans la moindre inquiétude. Selon les soignants, leurs investigations ne sont pas orientées dans le sens d'Ebola ou de la fièvre de Lassa. Ils témoignent qu'ils soignent cette affection toujours comme les gastroentériques, comme le paludisme, parce qu'elle vient toujours avec la diarrhée, le vomissement, la fièvre et autres symptômes similaires à ceux de la fièvre de Lassa. Mais ce qui a attiré leur attention c'est la série du décès du personnel. Ce qui les a contraint à faire des investigations plus poussées, mais sans un résultat convainquant. Ce qui, les a obligé à donner une alerte d'abord aux responsables départementaux chargé de la santé afin que les autorités au plus haut niveau ne soient informées. Mais cette alerte a été déjà tardive car les victimes ont été déjà enregistrées. En plus, après cette alerte aucun nouveau cas n'a été détecté selon nos informateurs. Grâce à l'appui du comité de la CDC et d'une délégation de l'OMS les recherches ont été plus intenses. Ce qui a fait que la fièvre de Lassa a été diagnostiquée compte tenu des résultats des échantillons de certains cas suspects envoyés au Nigéria.

Par ailleurs, selon nos informateurs soignants, ce qui a rendu difficile le diagnostic de la fièvre de Lassa et leur a contraint à tirer des conclusions qui ne sont basées sur aucune preuve c'est que les résultats de TDR (test de diagnostic rapide) du paludisme sont toujours négatifs.

### 3.6.-Stigmatisation, discrimination et préjudices subis par les acteurs

Sur la question liée à la discrimination, aux préjudices subis par les personnes suspectées et les professionnels de santé, 15 personnes sur 34 de nos informateurs ont abordé systématiquement ce volet discriminatoire induit par la fièvre de Lassa.

En ce qui concerne les professionnels de santé il y a eu une nouvelle apparition de nouveau concept de nomination. A cet effet, ceux-ci affirment que dans la ville de Tanguiéta, les populations les appelaient "messieurs Lassa". En cette période, les populations n'envoyaient non plus leurs enfants à la pédiatrie. Les patients ne viennent plus se faire consulter. Il y a eu une diminution du taux de fréquentation des centres de santé en général, en particulier de l'hôpital de zone jusqu'à 50% environ selon nos informateurs. L'épidémie de la fièvre de Lassa a créé une distanciation entre les professionnels de santé et leur entourage. C'est le cas d'un informateur qui disait qu'avant cette épidémie, les enfants des voisins venaient s'amuser avec sa fille à la maison. Mais en période épidémique, ces enfants se sont éloignés de sa fille, ils ne venaient plus.

Parmi les institutionnels interviewés, une autorité politico-administrative de la commune de Cobly affirme que la discrimination sociale induite par la fièvre de Lassa a entraîné la fermeture des écoles, des marchés. Par exemple les portes de l'école de Sèrèhounguè et consort ont été toutes fermées.

En ce qui concerne les préjudices subis par les personnes suspectées ou des cas contacts, deux entretiens réalisés dans la famille de Rébecca évoquent que c'était compliqué, c'était difficile à gérer. Car ils sont haïs par la population, il y a un phénomène de distanciation qui s'est créé, ils ne sont plus approchés par leurs amis. D'abord tout le monde doigte la maison. Même au marché aussi s'ils se dirigent vers une connaissance, celle-ci déjà commence par fuir. Et même quand il y avait de petits travaux d'entraide dans le village, les populations les rejettent et c'est comme cela, ils étaient toujours traités en cette période épidémique. Ces entretiens évoquent également que les enfants de la famille étaient renvoyés au cours pendant un mois environ.

En résumé, les résultats majeurs issus des travaux à l'origine de la fièvre de Lassa à Tanguiéta sont les recours thérapeutiques divers / le cheminement des soins, les diagnostics multiples et la diversité des traitements. La stigmatisation, discrimination et les préjudices subis par les cas suspects sont également assortis des résultats. L'épisode de fièvre de Lassa à Tanguiéta, est caractérisée d'une épidémie « invisible »,

# CHAPITRE IV : DISCUSSION ET ANALYSE

**4- Logiques d'imputation étiologique des acteurs : religieuse, sorcellaire, nosocomiale.**

Il ressort des résultats issus du terrain que l'épisode de la fièvre de Lassa de Tanguiéta a été attribué à de multiples étiologies. Cette logique d'imputation concerne les registres religieux, sorcellaires et nosocomiales.

## 4.1-Logique d'imputation religieuse

En ce qui concerne le registre religieux, la manifestation de cette maladie a été attribuée aux mécontentements des divinités. Pour certains ce sont les membres de la famille du cas index qui ont enfreint aux interdits des divinités, des dieux de la famille. Dans le département de l'Atacora, c'est à dire dans l'ensemble de l'aire culturelle de la zone d'étude, la maladie est aussi perçue sous d'autres angles que celui biomédical qui reposent sur différentes croyances (Augé & Herzlich, 1983; Fainzang, 1986).

Pour étayer ce type d'imputation étiologique, dominant dans l'aire culturelle de notre étude un enquêté affirme :

> « Voilà, ils sont partis jusqu'à dire qu'il y a un génie, là où ils ont implanté la néonatologie, c'est ça qui a fait que les gens tombent malades, c'est à cause de ça les gens meurent. Mais si cela s'explique au niveau de Saint Jean de Dieu, et au niveau de la communauté, le génie aussi, est-il parti jusqu'au niveau de la communauté? Bon, il y a tout ça là, mais je ne crois pas à ces gens de choses » (Louis01, 42 ans, Tanguiéta).

A travers ce verbatim on peut dire que non seulement les divinités de la famille du cas index ont été offensées mais aussi celles érigées dans l'enceinte de l'hôpital de zone de Tanguiéta, plus précisément à la néonatologie. Mais ce soignant, vu son niveau intellectuel et la formation reçue sur les fièvres hémorragiques virales reste dubitatif en ce qui concerne le registre d'étiologie religieuse attribué à cette maladie par les populations.

A cet effet, l'enquêté affirme que :

> « Oui, à Sèrèhounguè, ils ont dit que c'est un conflit, que le vieux-là, il est chef féticheur ou bien quoi là, et qu'il a eu un problème avec une autre famille, des choses comme ça » (Raïssa01, 43ans, Cobly).

A travers ce propos, il est à retenir que l'origine de cette maladie est essentiellement attribuée à un conflit entre le chef de famille du cas index et ses divinités. Ces conflits sont liés au non-respect des interdits de la divinité par son géniteur.

Selon une aide-soignante à l'hôpital de zone de Tanguiéta, cette maladie serait due à un complice, à une manœuvre entre adeptes des dieux la localité de Sèrèhounguè. A cet effet, elle affirme que :

> « Parce qu'on ne sait pas, de nos jours, la vie de l'Homme est tellement difficile, nous sommes là, nous sommes en train de croire en Dieu, mais d'autres sont en train de croire en autres choses, et autres ils peuvent manigancer tout ça là, et ça peut venir en toi subitement, il y a ça aussi » (Antoinette01, 31 ans Tanguiéta).

En somme, l'épisode de la fièvre de Lassa est dû aux mécontentements des divinités de l'hôpital de zone de Tanguiéta et celle de la famille du cas index.

### 4.2.-Logique d'imputation sorcellaire

Dans ce cas de figure, l'épidémie de la fièvre de Lassa trouverait son origine d'une déviance sociale ou d'un envoutement pour des raisons diverses (Fainzang, 1986). Il s'agit ici, d'attribuer la cause de cette épidémie aux envoutements entre personnel du centre de l'HSJDD.

> « Vous savez, nous sommes en Afrique, quand un phénomène pareil arrive, on trouve toujours une cause, et ici en Afrique, nous sommes tous Africains, vous savez, quand les Hommes commencent par mourir successivement, surtout le corps

66

médical, on dit ah oui, ils sont à l'hôpital, ils ne peuvent pas mourir de telle façon, il y a un envoutement qui est derrière, ça ne manque jamais des…C'est lié à la culture Africaine, mais nous qui sommes dans le domaine médial, ou bien dans le domaine de la foi, on ne peut pas seulement se fier à une telle version, non »(Philipe01, 35 ans Tanguiéta).

A travers les propos de cet interlocuteur, il est à noter que toute maladie a une source socio-culturelle. Il n'y a pas de maladies biologiques. Toute affection est provoquée par une entité sociale donnée. Ceci est lié à notre culture.

Si certains intervenants attribuent la fièvre de Lassa à l'envoutement, d'autres trouvent par contre que c'est quelque chose qui a été inventé :

« Juste pour attirer l'affluence, pour augmenter la fréquentation et pour braquer les projecteurs sur lieux, et que cette maladiea été aussi créé. Lassa serait une maladie, un mauvais sort, c'est-à-dire un truc de gri-gri, entre les personnels qui a dégénéré, et tous ceux qui ont parlé dans l'affaire sont partis dedans »,(Salomon01, 29 ans, Tanguiéta).

Selon le même informateur, la fièvre de Lassa serait imputée à un mauvais sort jeté entre le personnel de l'HSJDD.

## 4.3.-Logique d'imputation liée à l'infection nosocomiale

Une infection nosocomiale est une infection contractée dans un établissement de soins. Si l'infection apparaît très tôt, moins de 48heures après l'admission, on en déduit généralement que l'infection était en incubation au moment de l'admission, et qu'elle n'a vraisemblablement pas pu être contractée dans l'établissement de soins. L'infection n'est alors pas considérée comme nosocomiale[7].

A l'inverse, une infection qui se révèle après la sortie de l'établissement de soins peut très bien être nosocomiale. On considère que toute infection du site

---

http://www.bon-nontisse.org/wp-content/uploads/2012/08/MEDIATEUR-DE-LA-REPUBLIQUE-LES_INFECTIONS_NOSOCOMIALES.pdf [7]

opératoire qui se révèle dans les 30 jours suivant une intervention chirurgicale est *a priori* nosocomiale, c'est à dire sauf démonstration du contraire. Ce délai est porté à un an pour les infections survenant en cas de mise en place de matériel prothétique (prothèse articulaire, matériel métallique de fixation ou de suture)[8].Parlant de l'origine nosocomiale de l'épidémie de fièvre de Lassa à l'hopital de zone de Tanguieta, celui-ci affirme que :

> « Pour d'autres personnes, c'est qued'abord, ellesont dit que Lassa là, ça a été créé par l'hôpital Saint Jean de Dieu deTanguiéta » (Salomon01, 29 ans, Tanguiéta)

Ce propos retrace le carractère de la transmission nosocomiale de cette épidémie. C'est à dire on peut contracter aussi cette maladie au niveau des centres de santé ou des cabinets de soins.

Et c'est à cet informateur dans le village de Sèrèhounguè de renchérir sur cet argument en disant :

> « Cette maladie est venue de l'hôpital. Il faut dire la vérité, il a bien demandé et je vais lui dire la vérité. Quand ma femme allait, elle n'était pas malade. Elle est allée et les enfants qu'elle a trouvé qui sont morts devant lui, ce sont eux qui ont la maladie, c'est pourquoi je dis qu'ils ont amené ça de l'hôpital »(Célestin01 âgé de 76 ans).

A travers cette intervention, il attribue l'origine de cette épidémie au centre de santé. Selon le même interlocuteur sa famille ne peut pas être à la base de cette maladie.

Selon Célestin01, cette épidémie serait venue des pays voisins du Bénin, plus précisément du Nigéria.

---

[8]http://www.bon-nontisse.org/wp-content/uploads/2012/08/MEDIATEUR-DE-LA-REPUBLIQUE-LES_INFECTIONS_NOSOCOMIALES.pdf

« Ce que les gens disent dans le village, ils disent que ça vient du Nigéria, personne n'a souffert de cette maladie ici même si quelqu'un dit quelque chose c'est le mensonge. Moi j'ai vu que ma femme est revenue de Tanguiéta avec ça. L'enfant qu'elle garde-là il était comme ça, lui aussi n'était pas malade, quand il a crié on l'a amené ailleurs. Eux, tous c'est ici on les avait enterré. Dis-lui qu'on ne connait pas cette maladie ici si quelqu'un dit quelque chose c'est le mensonge. Je dis la vérité » (Célestion01, 75 ans, Sèrèhounguè).

Pour cet interlocuteur c'est une honte de dire que cette maladie est apparue pour la première fois dans sa famille, pour ainsi paraphraser Bila et Egrot dans une étude menée au Burkina-Faso. Au-delà de la crainte des conséquences physiques de l'infection, la séropositivité favorise la perte de l'estime de soi et la crainte du rejet par les autres(Bila & Egrot, 2008).

## 4.4.-Discrimination sociale et altération du système de santé

La discrimination doit également être considérée comme un enjeu de santé publique, dans la mesure où elle s'oppose à la diffusion de l'information sur le risque de transmission, qui doit être la plus large possible pour favoriser la prévention ; elle empêche d'évoquer le risque épidémique de manière personnalisée, sous peine de susciter la méfiance ou la critique(A. Desclaux, 2003). Elle favorise le déni de la maladie par les personnes atteintes et restreint leur recours au traitement ; elle incite à la négligence des besoins spécifiques des personnes atteintes et favorise l'immobilisme des institutions de santé publique et le désengagement des professionnels de santé. Outre cet impact direct sur les capacités de la prévention à limiter l'extension de l'épidémie, et sur les capacités des systèmes de soin à répondre aux besoins des malades, la discrimination (notamment dans le monde du travail ou dans l'accès aux ressources) peut accroître la vulnérabilité sociale des personnes et de leurs familles(A. Desclaux, 2003).

Cette vulnérabilité s'exprime par les propos d'un habitant de Sèrèhounguè:

« Les gens nous fuyaient à cette période-là, on ne pouvait pas s'approcher de quelqu'un, si on le salue il ne répond pas. Ils nous fuyaient, on n'allait plus aux marché, on restait ici » (Sylvain01, 45 ans, Sèrèhounguè).

Dans le même ordre d'idée les autorités locales, les élus locaux ont décidé fermer les écoles. Ainsi, cette autorité de la commune de Cobly, l'exprime en ces termes

« Oui, les écoles ont été fermées à un moment donné. Oui j'allais même oublier cet aspect. Il fallait le faire, par exemple, les écoles de Sèrèhounguè et consort là, ils ont tout fermé. En tout cas, au niveau de la mairie, on a dit bon, il faut suspendre d'abord en attendant, on a rendu compte, parce qu'il ne fallait pas, parce qu'il y avait même les enfants de la maison-làqui allaient à l'école, vous voyez, ce n'est pas bon »(Olympe01, 62 ans Cobly).

A travers ce propos, cet acte des élus locaux permet de limiter le risque de contamination. Car les enfants de la famille du cas index, considérés comme les cas contacts risquent de se mélanger avec les populations supposées saines.

Un autre élu local de Cobly renchérie cette stigmatisation sociale des habitants de la maison du cas index en ces termes :

« C'est-à-dire la maison, les gens de la maison-là, on leur a dit, personne ne sort de la maison pour aller dans les marchés, pour aller dans les écoles, pour aller...Pendant quelques...Pendant les une ou deux semaines, je ne sais pas combien de jours on leur avait demandé de faire » (Edmond01, 67 ans, Cobly).

En ce qui concerne la discrimination, le préjudice subi par les soignants, un soignant au centre de santé communal de Coblyraconte les faits en ces termes :

« Non, s'ils te voient en tant que agent de santé, ils disent de loin, ah, infirmier, major, nous-là, on ne va plus s'approcher de vous hein!, il paraît qu'il y a Ebola chez vous-là, on ne va plus vous fréquenter hein, tout ça là »(Raïssa, 43 ans Cobly).

Cette forme de stigmatisation envers les agents de santé, non seulement elle fragilise les soignants mais aussi elle limite la fréquentation des centres de santé. Du coup, les populations perdent la confiance à leurs soignants. Comme le disent

D. Fountain et J.Coutejoie, la confiance a été citée parmi les autres éléments jouant beaucoup sur l'utilisation des structures de santé(A. Desclaux, 2003).

Ce soignant à l'HSJDD exprime la diminution de la fréquentation de leur structure sanitaire en ces termes:

> « Juste pour attirer l'affluence, pour augmenter la fréquentation et pour braquer les projecteurs sur lieux, et que Lassa a été aussi créé...et que ce n'était même pas Lassa qui a tué les gens, tu constates les faits les représentations sociales c'est que Lassa serait une maladie, un mauvais sort, c'est-à-dire un truc de gri-gri, entre les personnels qui a dégénéré, et tous ceux qui ont parlé dans l'affaire sont partis dedans. Pour d'autres personnes, c'est que...D'abord, ils ont dit que Lassa là, ça a été créé par l'hôpital Saint Jean de Dieu de Tanguiéta »(Salomon01, 29 ans, Tanguiéta).

Mais au cours de notre immersion, le constat fait est que ce phénomène n'a plus d'enjeu sur la fréquentation des centres de santé. Ainsi le témoigne, un de nos interlocuteurs en ces termes que :

> « Il y a eu un relâchement, il y a eu relâchement pour plusieurs raisons, parce que là-bas, la maladie, ça s'est calmée, il n'y a plus de malades là-bas sur le...Dans la maison-là, le village dont on parle-là, c'est une maison, c'est dans une seule maison, ce n'est même pas dans un village, et là-bas, sur place, de façon géographique, on n'avait interdit aux enfants de la maison qui avait eu le problème-là, d'aller dans les écoles... »(Eddmond01, 62 ans, Cobly).

En somme plusieurs types de logiques sont à l'origine de la discrimination envers les personnes atteintes par l'épidémie de la fièvre de Lassa qui sont décrites ici, sans prétention à l'exhaustivité. Certaines logiques ont la maladie pour substrat : elles expriment sous une nouvelle forme ce qui fut déjà observé en d'autres temps, face à d'autres épidémies. Ainsi, l'attribution de l'origine de la maladie à « l'étranger », signifiant de manière prosaïque que la maladie est venue d'ailleurs, magnifiée par une représentation quasi universelle considérant l'altérité comme dangereuse, est à l'origine d'exclusions que leurs initiateurs

71

revendiquent souvent comme protectrices pour leur propre groupe social (Bergès, 2012).

### 4.5.-Logique de déni de la fièvre de Lassa

Le déni est un mécanisme de défense. C'est une opération psychique dans laquelle l'individu se défend, de façon inconsciente. Il permet notamment à l'individu de contenir l'angoisse lorsque celle-ci est trop forte. Lors du déni, le patient nie totalement une part plus ou moins importante de la réalité externe (Dubuis, 2012). C'est ainsi qu'un habitant de Sèrèhounguè l'explique en ces propos :

> « Tu as demandé et je t'ai dit que je ne vivais pas en ce temps, est-ce que je peux savoir ? Quelqu'un te soigne et tu sauras ce qu'il fait ? Je ne voyais pas en ce temps. Est-ce que c'est de cette maladie j'ai souffert ? tel que les gens disent que c'est dangereux, je n'allais plus être vivante. C'est pour salir la maison que les gens disent que c'est Lassa » (Armande01, 30 ans, Sèrèhounguè).

Cet extrait met en exergue un cas flagrant déni de la fièvre de Lassa dont cette dernière a souffert, en plus d'attribuer cet épisode de la fièvre de Lassa à un acte de sabotage ourdi contre la renommée de sa famille.

Sur un autre registre, elle relate l'historique de la maladie dans la famille en ces propos :

> « En fait ça a commencé comme si de rien n'était, quand ça a commencé, c'est même, en ce moment, quand ça a commencé c'était comme simple chose. C'est même ma coépouse là celle qui est décédée c'est par elle ça a commencé et elle-même là ce n'était pas quelque chose de compliqué parce qu'elle est allée au champ pour récolter le haricot et elle est revenue pour dire que ça n'allait pas ». (Armande01, 30 ans Sèrèhounguè).

La fièvre de Lassa est une maladie banale, c'est une « simple chose ». Pour elle, ce n'est pas une maladie à potentiel épidémique aussi redouté par rapport aux informations qui circulaient dans les médias à propos.

## 4.6. Perception variable des risques liées à la contagion de la fièvre de Lassa.

Le risque lié à la transmission de la fièvre de Lassa est diversement apprécié des soignants et l'on assiste en conséquence, à des mesures de sécurité spécifique. C'est du moins ce qui ressort, de l'aveu de cet agent de santé à l'hôpital de zone de Tanguiéta, en ces termes :

> « S'approcher même de quelques usagers que ce soit était une crainte d'où on se protège correctement, on se bande même le visage avant de nous approcher.On est heureux d'apprendre que ça ne fait plus rage, toutes les foisquand on entend quelque chose à la Télé ou à la radio, on se dit hah, attention ! Cela continue, mais le lavage simple des mains, l'eau et savon nous permet de nous mettre en garde contre toute initiation de cette maladie »(Rodrigue01, 46 ans, Tanguiéta).

A travers les propos de Rodrigue01, le doute, la crainte, la peur s'est installé au sein du personnel soignant. Ce qui les amène à prendre un minimum de précautions, à ne plus s'approcher comme auparavant de quelque patient que ce soit, suivant les prescriptions du dispositif de PEC.

En plus, le personnel soignant avait des inquiétudes par rapport à certains collègues affectés par cette épidémie. Ainsi le personnel était dans un état d'alerte comme l'explique le même intervenant en ces termes :

> « C'est triste.Mais on se demande est-ce que cela n'arrivera qu'à lui ? Demain, ça pouvait m'arriver aussi, alors, qu'est-ce qu'il faut faire pour éviter que cela ne m'arrive ? On était dans cet état et on suivait, on était en état d'alerte en réalité, et tout acte posé respectait les règles élémentaires d'hygiène, les règles qu'il faut pour éviter la trasmission de certaines maladies, et je sais que, à travers ces précautions, même si on se retrouvait devant le cas, devant un cas de tuberculose , on s'en sortirait »(Rodrigue01, 46 ans, Tanguiéta).

Le risque de contamination amène les membres de famille à adopter certains comportements qu'on peut qualifier d'inhabituel au point de conduire à de la stigmatisation. C'est le cas d'un enseignant au collège d'enseignement général de Kountori, le chef lieu d'arrondissement qui est un village proche de Sèrèhounguè nous raconte la façon dont il est accueilli dans son ménage à Cobly.

> « J'étais rejeté hein, même mon collègue me voit, il ne voulait pas me saluer, quand je reviens à la maison, même pour me donner à boire là, personne ne me donne. Toi tu vas là-bas, tu passes quelque chose, tes enfants et ta femme? Donc, on te dit de travailler, si tu vas jusque-là bas là, donc ce n'est pas bon, chaque fois elle avait les inquiétudes. Jusque elle a même dit laisser l'argent, d'abandonner ce travail, et rester à la maison. Donc c'était ça son inquiétude. Elle me poussait à laisser même les cours là, donc c'était ça »(Samuel01, 30 ans, Cobly).

Autant dire que l'épidémie a entraîné une atmosphère de méfiance, les inquiétudes au sein des familles ; l'on a assisté à des tentatives d'abandon de poste au détriment de la sauvegarde de vies humaines.

Ce soignant au centre de santé communal de Tanguiéta aborde le problème dans le même sens en disant :

> «Notre état d'âme, on avait peur, les parents nous disaient, toi tu fais quoi encore là-bas, reviens à la maison. Tu fais quoi à Tanguiéta, viens à Porto-Novo. L'autre dit, tu fais quoi, je ne veux plus que tu soismort là-bas hein, laisse d'abord, laisse le service vient. D'autres ont même peur et ils disent que je ne veux plus toucher des malades. On va faire comment? C'est comme ça il y a eu beaucoup de peur, même voyager là, personne ne veut plus toucher personne, les voyages là sont suspendus, je ne veux plus voyager, prendre le transport en commun. Je préfère voyager seul sur ma moto, les taximen, ils ne trouvent plus de passagers. C'est comme ça »
> (Serges01, 42 ans Tanguiéta).

La peur, l'angoisse et les inquiétudes enregistrées au sein du personnel soignant, même au sein des populations, se trouvent renforcées du fait de la similitude de la sémiologie de la fièvre de Lassa à celle de la maladie à virus Ebola.

# Conclusion et perspectives

Le présent travail est inscrit dans le programme de recherche EbBen (L'Epidémie d'Ebola et le Bénin : construction sociale des rumeurs, discours et pratiques relatives à la maladie à virus Ebola et aux mesures préventives), mis en place grâce au partenariat entre le Département de sociologie-anthropologie de l'Université d'Abomey-Calavi (DS-A/UAC) et l'Unité mixte de recherche 224 (UMR 224) de l'Institut de recherche pour le développement (IRD). Ainsi l'apparition de la fièvre de Lassa au Bénin en octobre 2014 dans la commune de Tanguiéta soulève des questionnements au volet de ce programme. Comme constats il est à noter que 'épidémie de la fièvre de Lassa survenue à Tanguiéta est passée de façon inaperçue. L'alerte a été tardive car elle a fait déjà des victimes parmi le personnel soignant afin les autorités en charge de la santé au Bénin ne soient informées. Ainsi le problème que pose la présente recherche est de savoir comment la prise en charge de la fièvre de Lassa a été assumée par les différents acteurs (populations, soignants, les malades eux même) pour échapper au système sanitaire en contexte de la maladie à virus Ebola. Pour répondre à cette question deux hypothèses ont été posées. Les résultats issus sont que, cette épidémie a été diversement perçue par les acteurs sociaux du point de vue étiologique que du point de vue sémiologique. L'analyse des résultats révèle des logiques d'implications étiologiques variables selon les acteurs. Ces logiques d'imputation concernent surtout les registres religieux, sorcelaire et nosocomiale. Cette épidémie a été prise en charge en fonction des moyens dont dispose le personnel soignant d'où un bricolage de prise en charge des cas suspects ou avérés de la fièvre de Lassa. Il y a aussi des comportements d'évitement, face aux risques liés à la perception que les acteurs ont du risque qu'ils avaient à gérer. Le personnel soignant, les populations proches des cas suspects ont subi des discriminations sociales. Ce qui a affecté le taux de fréquentation des structures sanitaires à Tanguiéta et à Cobly. Ce qui a entraîné une crise de confiance vis à vis du système sanitaire suivi et un doute sur la capacité de ce système à affronter de façon efficace l'épidémie.

Cette épidémie a entraîné des changements de comportements de la part des soignants que des populations. Ainsi, tout porte à croire qu'à chaque situation épidémique, il faut aussi s'attendre à des effets inducteurs de changement social. En terme de perspectives, il serait intéressant de chercher à comprendre l'indifférence des autorités en charge de la santé publique aux épidémies surtout pendant la période électorale au Bénin, l'hygiène en milieu hospitalier est une piste de recherche qui sera analysée de manière anthropologique afin d'éviter la transmission des maladies dans les hôpitaux. Il serait intéressant de mener une étude anthropologique sur la communication en période épidémique au Bénin car la communication est coercitive à la vie.

# Références bibliographiques

Abric, J.-C. (2003). *Pratiques sociales et représentations,* (Presses Universitaires de France). Paris, 252p

Anoko J. (2016). *«De la déclaration de fin de l'épidémie de la maladie à virus Ebola de décembre 2015 aux résurgences de 2016 : analyse de réticences prévisibles en Guinée», Fonds Croix-Rouge française, Les Papiers du Fonds.* (6), 18.

Aubry, P. (2014). *Fièvres Hémorragiques Virales Actualités 2014.*

Augé, M., & Herzlich, C. (1983). Introduction. Dans *Le sens du mal. Anthropologie, histoire, sociologie de la maladie: Vol. Éditions des archives contemporaines* (p. 9-31). Paris: Augé Marc, Herzlich Claudine.

Bégot, A.-C. (2000). FABRE (Gérard), Épidémies et contagions. L'imaginaire du mal en Occident. Paris, PUF, 1998, 239 p. *Archives de sciences sociales des religions,* (110), 116.

Benoist, J. (1996). *Soigner au pluriel, Essai sur le pluralisme médical* (Kartala).

Bila, B., & Egrot, M. (2008). Accès au traitement du sida au Burkina Faso: les hommes vulnérables? *Science et technique,* (Spécial hors série n° 1, Sida, santé publique et sciences sociales: 20 ans d'épidémie et de recherc), 85–92.

Desclaux, A. (2003). *Introduction Stigmatisation, discrimination : que peut-on attendre d'une approche culturelle ?* (20), 1-10.

Desclaux, A. (2006). Anthropologie des fièvres hémorragiques virales. Bulletin de la Société de Pathologie Exotique, 98 (3), 2005. *Bulletin Amades. Anthropologie Médicale Appliquée au Développement Et à la Santé,* (68). Consulté à l'adresse http://amades.rcvues.org/357

Epelboin, A. (2009). L'anthropologue dans la réponse aux épidémies: science, savoir-faire ou placebo? *Bulletin Amades. Anthropologie Médicale Appliquée au Développement Et à la Santé,* (78). Consulté à l'adresse http://%20amades.revues.org/1060

Epelboin, A. (2014). *Approche anthropologique de l'épidémie de FHV Ebola 2014 en Guinée Conakry.* Consulté à l'adresse http://hal.univ-grenoble-alpes.fr/hal-01090291/document

Fainzang, S. (1986). *L'intérieur des choses: maladie, divination et reproduction sociale chez les Bisa du Burkina.* Paris: L'Harmattan.

Houngnihin, R., Odounlami, A., & Caron M. N. (2012). *Etude des facteurs d'adhésion des femmes enceintes au Traitement Préventif Intermittent (TPI) du paludisme à Houéyogbé (Bénin).* 7, 259-274.

Kpatchavi, C. A. (2011). *Savoirs, maladie et thérapie en Afrique de l'Ouest. Pour une anthropologie du paludisme chez les Fon et Waci du Bénin* (Ablodè/UAC). Cotonou.

Loriol, M. (2012). *La construction du social: souffrance, travail et catégorisation des usagers dans l'action publique.* Rennes: PUR.

Lyonnet E-S. (2007). *L'analyse des pratiques professionnelles: un moyen de « faire équipe »?* (Mémoire de master professionnel en santé publique). Marseille, France.

Mairie de Tanguiéta. (2012). *Plan de développement de la commune de Tanguiéta.*

Ministère de la santé. (2014). *Rapport d'investigation Fièvre hémorragique virale à Tanguiéta – Bénin* (p. 7). Cotonou.

Ndione, A. G. (2010). *Connaissances, attitudes et pratiques des soignants face aux risques liés à l'hépatite B au C.H.U de FANN* (UCAD). Consulté à l'adresse http://www.documentation.ird.fr/hor/fdi:010057720

N'koué S., E., Danko, N., & Ridde, V. (2015). La Fièvre Hémorragique à Virus Lassa au Bénin en 2014 en contexte d'Ebola: une épidémie révélatrice de la faiblesse du système sanitaire. *Anthropologie & Santé. Revue internationale francophone d'anthropologie de la santé*, (11). Consulté à l'adresse https://anthropologiesante.revues.org/1772

Somparé A. W. (2017). *« La politique et les pratiques de santé en Guinée à l'épreuve de l'épidémie d'Ebola : le cas de la ville de Conakry. » Lien social et Politiques*. (78), 193-210.

Annexes

# Annexe 1: Les outils de collectes des données

## ENTRETIENS AVEC PROFESSIONNELS DE SANTE

*Date        Ville/Village :                        Quartier :*
*Anthropologue ayant fait l'entretien (initiales) :*
*Transcripteur (initiales) :*

## I/ IDENTIFICATION
-Code entretien

Age :                                    Sexe :

- Langues parlées :
- Identité(s) ethnique(s) revendiquée(s) par EGO
- Niveau scolaire :            Scolarisé : Oui ☐            Non    ☐
                               Si oui, niveau d'étude :
                               Sinon, Alphabétisé ?  Oui ☐            Non    ☐

- Origine :     Né(e) sur le lieu de l'enquête (quartier urbain, village) :    Oui ☐  Non    ☐
                sinon lieu de naissance :

- Religion (en étant le plus précis possible et surtout en notant le plus scrupuleusement possible l'identité religieuse telle que la personne l'énonce)

-Situation matrimoniale : Marié Oui ☐        Non    ☐
        Si oui, mariage civil ☐        coutumier ☐religieux ☐
        Célibataire ☐    Veuf/Veuve ☐ Divorcé(e) ☐    Concubinage☐Lévirat ☐ Polygamie ☐
Nb :….

-Nombre d'enfants
        - de 5 ans        [      ]        5 à 18 ans :        [      ]        + de18 ans :    [      ]

-Nombre de personnes à charge dans le foyer/ménage/ cour (financièrement)
        * Conjoint(e-s) d'ego : oui ☐  non ☐  combien en cas de polygamie : …
        * Nombre d'enfants d'Ego
                Enfants jusqu'à 17 ans :        [      ]
                Autres personnes        [      ]
        *Dans la famille élargie
                Père : [      ]Mère : [      ]Frères et sœurs : [      ]

                Autres parents :        [      ]Préciser :
                Autres personnes dépendantes hors de la parenté : ☐Préciser :

-Profession(s)/Occupation d'ego :
- Profession/occupation du conjoint (de la conjointe ; des conjointes) :

        Moyen de déplacement habituellement utilisé

        Structure de santé la plus proche
                Moyen de déplacement utilisé
                Temps de marche/de déplacement pour se rendre au centre de santé

## Epidémie de Lassa, risque et prévention

Mon entretien porte sur la fièvre de Lassa. Qu'est-ce que vous pouvez nous dire de cette maladie ? Dans le mois d'octobre 2014, une épidémie de la fièvre de Lassa a fait des victimes dans l'hôpital de zone de Tanguiéta. Qu'en pensez-vous ?

Pensez-vous que le Bénin soit directement concerné par cette épidémie ? Et en quoi est-il concerné ? Et pourquoi ?

Est-ce que cette épidémie a changé certaines choses au Bénin, des attitudes, des manières de se comporter ? Des manières de penser ? De quelle manière ? Quand ? Comment ? Avec qui ? Pourquoi ? Que pensez-vous de ces changements ?

Est-ce que cette épidémie a changé des choses de façon générale dans la manière d'organiser/de délivrer les soins au Bénin ? C'est-à-dire ? De quelle façon ? Pour qui ? Pourquoi ? A votre avis est-ce nécessaire ? Etc. Que pensez-vous de ces changements ?

Est-ce que cette épidémie a changé des choses dans vos activités professionnelles ? Quoi ? Et quoi encore ? Mais encore ? Pourquoi ces changements ? Que pensez-vous de ces changements ? Qui a impulsé ces changements ? Pourquoi ? En quoi consistent exactement ces changements ? Quelles sont les conséquences de ces changements sur votre manière de travailler ? Qu'est-ce que ces changements changent pour les patients, pour les familles des malades, pour les soignants ?

Est-ce que cette épidémie a changé des choses pour vous ? (dans votre vie de tous les jours, dans votre famille, avec vos amis, etc.) ? De quelle manière ? Quand ? Comment ? Avec qui ? Pourquoi ?

Pensez-vous qu'il y ait un risque au Bénin d'être confronté à la fièvre de Lassa ? Quelle est selon vous l'importance de ce risque ? Quelle est la conséquence au Bénin de la survenue la fièvre de Lassa ? Pour les populations ? Pour les soignants ? Pour les institutions et les politiques ? Est-ce qu'à votre avis la perception de ce risque induit des changements de comportements des acteurs ? Lesquels ? De quelles manières ? Pourquoi ? Est-ce que selon vous la peur de fièvre de Lassa peut avoir des conséquences ?

Selon vous est-ce une maladie contagieuse ? Doit-on la considérer comme une maladie transmissible ou comme une maladie contagieuse ? Quelle différence faites-vous justement entre contagion et transmission ? (exemple de maladies : cholera, sida, tuberculose, paludisme, syphilis, fièvre typhoïde,…)

Des mesures préventives permettant d'éviter la maladie doivent-elles être prises ? Où ? Dans quels lieux ? A quels niveaux ? Par qui ? Pour protéger qui ? De quelles manières ? Que pensez-vous de l'efficacité de ces mesures ? Pensez-vous que les mesures préventives à l'échelle nationale sont adaptées, réalistes, efficaces ? Idem à l'échelle de l'hôpital ? Du service ?

## Prise en charge d'un cas suspect et ou avéré de la fièvre de Lassa
## 3.1-Généralités : sémiologie et prise en charge (discours normatif)

Sur quels critères en principe suspectez-vous la fièvre de Lassa ?

Sur quels critères considérez-vous que la fièvre de Lassa est avérée?

De manière générale, de quoi se plaignent les personnes qui se présentent avec un tableau sémiologique suspect de la fièvre de Lassa ?

Pouvez-vous m'expliquer comment ça se passe lorsqu'une personne se présente en consultation avec des symptômes susceptibles d'évoquer la fièvre de Lassa ?

Que doit faire en principe un soignant s'il se trouve confronter un cas suspect de la fièvre de Lassa ?

Qu'aviez-vous fait lorsque vous vous étiez retrouvés en face des cas avérés de la fièvre de Lassa ?

### 3.2-Perception de la procédure de prise en charge

Que pensez-vous des mesures recommandées pour prendre en charge les éventuels cas suspects et les cas avérés ?

Savez d'où viennent ces mesures/qui a élaboré ces mesures (OMS, MSF, MS, etc.) ?

Ces mesures vous semblent-elles adaptées aux contextes sociaux, culturels, professionnels au Bénin ? Pourquoi ?

Qui est censé mettre en œuvre ces mesures ? Quelles catégories de personnels ? Qui est concerné par ces mesures ?

### 3.3-Mise en situation face à des personnes souffrantes de fièvre et proposition de prise en charge

Qu'aviez-vous fait pour les personnes suspectes de la fièvre de Lassa qui se sont présentées dans votre centre de santé ? Mais encore ? Pourquoi ? Pourquoi aviez-vous fait comme ça ?

Aviez-vous fait appel à d'autres personnes ? Pour quelles raisons ?

Quelles sont les questions que vous aviez posées aux patients ? A la famille ? Pour évaluer la situation ? Pour élaborer la prise en charge ?

Que doit faire le soignant pour se protéger lui-même ? A quel moment ? Comment ? Avec quoi ?

Comment doit-il procéder pour faire son examen médical (pour un médecin ou un infirmier) ? Pour prendre les constantes (pouls, tension, température, poids, taille, etc.) (Pour un médecin, un infirmier ou autre agent de santé, etc.) ?

Comment se passe la prescription ? La prescription des examens complémentaires ? Des médicaments ? Autres (régime alimentaires, mesures de prévention, etc.) ?

Comment doit-on procéder pour l'hospitalisation ? Vers quels services sont-ils orientés ? Existe-t-il un consensus sur les services compétents ? Habilités ? La PEC des cas suspects ? Pour les adultes ? Pour les enfants ? Que ce passe-t-il s'il s'agit d'une femme enceinte ?

Est-ce que ces procédures de prise en charge se passent de la même manière selon le service dans lequel la personne consulte ? Que se passe-t-il si le patient consulte en premier aux urgences ? Existe-t-il une salle de consultation spécifique réservée ? Est-il prévu un itinéraire spécifique de circulation du malade dans l'hôpital ? Les cas suspects sont-ils orientés vers des centres d'isolement spécifiques ? Existe-t-il des agents spécifiquement formés pour ces prises en charge ? Comment ont-ils été formés ? Par qui ? Où ? Quand ? Combien de fois ? Et les cas avérés ça s'est passé aussi à leur niveau ?

Comment se passe ou s'est passé le déplacement d'un cas suspect et d'un cas avéré dans l'hôpital ? Qui est chargé d'encadrer le transport et la circulation du patient ? Comment ont-ils été formés ? Par qui ? Où ? Quand ? Combien de fois ? Que fait-on avec la famille ? Qui faut-il avertir avant de déplacer un tel patient ? Comment ? Pourquoi ?

Comment se déroulent ou ce sont déroulés les examens complémentaires ? Par exemple, si le patient a besoin de radio ? Quelles précautions faut-il prendre ? Qui doit-on prévenir ? Pourquoi ? Comment ? Existe-t-il des agents spécifiquement formés pour ces prises en charge ? Comment ont-ils été formés ? Par qui ? Où ? Quand ? Combien de fois ? Pour les examens biologiques, existe-t-il des mesures spécifiques à respecter pour transporter les prélèvements biologiques des cas suspects ? Où partent ces prélèvements ? Pourquoi ? Comment ? Qui les transportent ? Qui doit-on prévenir ? Comment ? Pourquoi ?

Un fois hospitalisé, comment les soins sont-ils organisés ? Existe-t-il des modalités et des procédures particulières ? Qui est chargé de les mettre en œuvre ? Qui est responsable de l'exécution et du respect de ces procédures ? Tout le personnel est-il concerné ? Comment se fait la répartition ? La circulation des personnels affectés aux soins d'un cas suspect est-elle limitée ? Comment ? Pourquoi ? Comment prend-on en charge les fluides corporels (sang, urines, selles, vomissement, pus-pansements, etc.) ? Qui ? Pourquoi ? Avec quels moyens ?

Que deviennent-ils ? Existe-t-il des agents spécifiquement formés pour ces prises en charge ? Comment ont-ils été formés ? Par qui ? Où ? Quand ? Combien de fois ?

Comment fait-on pour savoir qu'un cas suspect est en fait un cas avéré ?

L'ensemble de ces mesures vous semblent-elles cohérentes ? Adaptées ? Efficaces ?

Que faudrait-il faire selon vous pour adapter les réponses à vos conditions réelles d'exercice professionnel ? A celles de votre équipe ? A celle de la structure dans laquelle vous travaillez ?

## 3.4-Expériences de prise en charge de cas suspects

Vous est-il arrivé d'être en situation de prise en charge de cas suspects / avéré ?

Si oui, comment cela s'est-il passé ?

A part cette situation, y a-t-il eu d'autres confrontations à des cas suspects ?

A combien de cas avérés êtes-vous confrontés dans l'hôpital ?

Si non, connaissez quelqu'un dans votre entourage professionnel qui ait été confronté à ce type de situation ?Si oui, comment cela s'est-il passé ?

A part cette situation, y a-t-il eu d'autres confrontations de collègues à des cas suspects / avérés

A votre connaissance, y-a-t-il eu d'autres cas suspects et des cas avérés au Bénin ? Pouvez-vous me raconter comment s'est passée leur prise en charge ?

### 3.5-Perception de la fièvre de Lassa par les patients et les populations (discours des soignants)

Lors de vos consultations et quel qu'en soit le motif, est-ce que les patients abordent spontanément avec vous le risque de la fièvre de Lassa ? Si oui de quelle manière ? Quelles questions posent-ils ? Est-ce fréquent ? Vous paraissent-ils très inquiets ? Est-ce que les préoccupations vis à vis de la fièvre de Lassa ont diminué depuis le début de l'épidémie ?

Quels types de réponses leurs faites-vous ?

Leurs connaissances sur la fièvre de Lassa vous semblent-elles très éloignées des connaissances médicales ? Par exemple ? Pouvez nous expliquer en quoi elles sont éloignées ? Ses perceptions populaires vous semblent-elles un obstacle à la prévention ou à la prise en charge des cas suspects et des cas avérés ? Pouvez-vous nous donner des exemples de perceptions populaires auxquels vous avez été confronté ?

Est-ce que les patients vous réclament parfois des médicaments à visée préventive en vue d'éviter la fièvre de Lassa ? Est-ce souvent ? Quels sont les patients *(homme ou femme, jeune ou vieux, catégorie professionnelle, etc.)* qui vous demandent ce type de médicaments préventifs ? A votre avis pourquoi veulent-ils ce type de traitement ?

Est-ce que vos patients expriment parfois spontanément une prise de produits qu'ils pensent efficaces pour prévenir la fièvre de Lassa ?

Avez-vous été confronté à ce type de questions dans votre entourage professionnel, personnel et familial ? Sur quels aspects de la fièvre de Lassa vous interpellent-ils ?

Certains de vos collègues ont-ils été eux-aussi confrontés à ces questions des patients ou de personnes de leur entourage ? Sur quels aspects de la fièvre de Lassa sont-ils interpelés ?

Pensez-vous que la perception du risque par les populations est adaptée ?

Pensez-vous que les populations ont raison d'avoir peur ?

La peur des populations semble pouvoir induire des comportements sociaux particuliers, parfois violents ?

En avez-vous entendu parlez ? De quels types de comportements était-il question ? Quand cela s'est-il déroulé ? Où ? Avec quelle personne ? Etc.

### 3.6-Interaction soignants / soignés

Quels des problèmes liés à l'accueil des patients ou des familles en rapport avec la fièvre de Lassa il y avait dans l'hôpital de zone de Saint Jean de Dieu de Tanguiéta ? Lesquels ? Pourquoi ? Comment le problème a-t-il été abordé ? Par qui ? Comment ? Pourquoi ? Une solution a-t-elle été trouvée ? Laquelle ? Comment ? Par qui ?

Y a-t-il souvent des problèmes d'incompréhension sur les modalités de la prise en charge entre vous et les patients ou leur famille ? Y-a-t-il des problèmes spécifiques en contexte de menace épidémique ? Lesquels ? Pourquoi ? Comment avez-vous abordé le problème ? Avez-vous trouvé une solution ? Laquelle ? Comment ?

Est-ce que le problème de langue et de désignation des symptômes constitue un problème pour vous dans vos échanges avec les patients ou leur famille ?

A votre avis, est-ce que l'épidémie de fièvre de Lassa a eu des effets sur la prise en charge d'autres maladies ? Quels effets ? Pour quelles maladies ? Pourquoi ces effets ? Pouvez-vous nous donner des exemples ? Que pensez-vous de ces effets sur la prise ne charge de maladies comme le paludisme, le sida, la tuberculose ?

Pensez-vous que la fièvre de Lassa a induit des perturbations de la confiance des populations à l'égard des soignants ?

Pensez-vous que les soignants sont plus réticents à prendre en charge des patients présentant des tableaux sémiologiques proches de la fièvre de Lassa ?

Pensez-vous que l'existence de l'épidémie de la fièvre de Lassa nécessite de repenser l'accueil des malades et des familles dans les structures de soins ?

Pensez-vous que l'existence de l'épidémie de la fièvre de Lassa nécessite de repenser l'organisation des soins dans les structures de santé? Idem au niveau de votre service ?

## Gestion du centre d'isolement des personnes mises en quarantaine de la fièvre de Lassa a Tanguieta ?

Comment s'est passée la construction de centre d'isolement des malades de la fièvre de Lassa à Tanguiéta ? Qui est l'initiateur ?

Sur quel terrain a été érigé le centre d'isolement ? Le domaine appartient à qui ? A l'Etat ? A la Mairie ? Une propriété privée ?

Si propriété privée comment s'est passé l'acquisition ? Par baille ? Achat direct ?

Quelle est la superficie du domaine ?

Quel était le sentiment des populations ?

Y avait-il des conflits au sein de la population par rapport à la construction du centre d'isolement ?

Comment s'est passé le traitement des patients ?

Combien de lits ont été envoyés au centre d'isolement ?

Comment s'est passé l'accès au centre d'isolement de la fièvre de Lassa ?

Qui est chargé de la prise en charge des besoins alimentaires des personnes mises en quarantaine ?

Comment s'est passée la surveillance des personnes mises en quarantaine ?

Combien de cas suspects a accueilli ce centre d'isolement ?

Combien de cas avérés a accueilli ce centre d'isolement ?

Qui est le responsable du centre d'isolement ? Comment s'est passé la désignation du responsable ? Il a quitté quel centre de santé ? Qui l'a envoyé ?

Combien d'agents de santé ont travaillé dans le centre d'isolement ?

Quelles était leur comportement face aux personnes suspectées ou avérées ?

Quels sont les conflits qui ont opposés les soignants ?

Quels sont les enjeux majeurs du centre d'isolement ?

## Guide d'entretien avec les populations
### Fiche d'identification des personnes enquêtées (population)

*Date        Ville/Village :                    Quartier :*
*Anthropologue ayant fait l'entretien (initiales) :*
*Transcripteur (initiales) :*

## I/ IDENTIFICATION

-Code entretien :

- Age :                          Sexe :

- Langues parlées :

- Identité(s) ethnique(s) revendiquée(s) par EGO

- Niveau scolaire :        Scolarisé : Oui ☐        Non  ☐

                          Si oui, niveau d'étude :

                          Sinon, Alphabétisé ?    Oui ☐        Non  ☐

- Origine :   Né(e) sur le lieu de l'enquête (quartier urbain, village) :  Oui ☐ Non

        ☐            sinon lieu de naissance :

- Religion (en étant le plus précis possible et surtout en notant le plus scrupuleusement possible l'identité religieuse telle que la personne l'énonce)

-Situation matrimoniale : Marié Oui ☐        Non  ☐

        Si oui, mariage civil ☐    coutumier ☐religieux ☐

        Célibataire ☐        Veuf/Veuve ☐        Divorcé(e)                          ☐

        Concubinage☐Lévirat ☐ Polygamie ☐ Nb :....

-Nombre d'enfants

[    ]        - de 5 ans        [    ]        5 à 18 ans : [    ]        + de18 ans :

-Nombre de personnes à charge dans le foyer/ménage/ cour (financièrement)

* Conjoint(e-s) d'ego : oui ☐    non ☐        combien    en    cas    de
polygamie : ...

* Nombre d'enfants d'Ego

Enfants jusqu'à 17 ans : ☐

Autres personnes        ☐

*Dans la famille élargie

Père : ☐ Mère :        ☐    Frères et sœurs : ☐

Autres parents :    ☐    Préciser :

Autres personnes dépendantes hors de la parenté : ☐ Préciser :

-Profession(s)/Occupation d'ego :

- Profession/occupation du conjoint (de la conjointe ; des conjointes) :

Moyen de déplacement habituellement utilisé

Structure de santé la plus proche

Moyen de déplacement utilisé

Temps de marche/de déplacement pour se rendre au centre de santé

## II-La santé en général et maladies les plus graves

## 2.1-Les maladies les plus graves

Quelles sont les maladies qui vous embêtent le plus dans votre communauté ?

Quelles sont les maladies les plus graves que vous connaissez et qui font plus de victimes dans votre communauté?

Quelles sont les autres maladies graves que vous connaissez de nos jours ?

Pouvez-vous me citer exactement ces maladies ?

Pouvez-vous m'expliquer un peu pourquoi ces maladies sont qualifiées de graves maladies ?

## 2.2-Logique de nomination

Pour la maladie Y dont vous venez de citer, pouvez-vous me donner son nom dans la ou les langues que vous parlez habituellement ? Quelles sont les différentes appellations que les gens de votre entourage donnent à cette maladie ? Et les médecins ?

## 2.3-Sémiologie

Que signifie le nom de cette maladie Y dans votre langue ? Pourquoi on appelle cette maladie de la sorte ? Est-ce que cette maladie a-t-elle une autre signification dans votre langue ?

Lorsque l'on souffre de cette maladie Y, par quels signes/symptômes [ou comment] se manifeste-t-elle ? Existe-t-il d'autres signes ?

Qu'est-ce qui explique que cette maladie Y se manifeste par tels signes/symptômes

## 2.4-Diagnostic et nosologie populaire

Si l'on souffre de cette maladie Y, qui habituellement peut faire le diagnostic

Existe-t-il d'autres maladies qui ont des symptômes similaires/identiques à cette maladie Y ?

A-t-on l'habitude de regrouper cette maladie Y avec d'autres maladies, dans une même catégorie ? (Cette maladie Y appartient-elle à une catégorie plus vaste de maladie ?)

## 2.5-Etiologie, logique d'imputation

Selon ce que les gens disent, qu'est-ce qui peut provoquer cette maladie Y ?

Selon vous à quoi est due cette maladie Y ?

Est-ce que cette maladie Y peut être intentionnellement provoquée par quelqu'un ?

*Les explications que vous venez de donner sont-elles les seules que vous ayez entendu ?*

*Avez-vous déjà entendu des personnes fournir d'autres explications ?*

## 2.6-Représentation de la transmission / de l'origine de la maladie

Est-ce que cette maladie Y peut se transmettre d'une personne à une autre ? De quelle manière ?

Existe-t-il d'autres modes de transmission/passage, que celui que vous venez de nous citer ?

Existe-t-il d'autres maladies qui se transmettent de la même façon ? Si oui, lesquelles ?

## 2.7-Prévention et prophylaxie

Existe-t-il des moyens d'éviter cette maladieY ? Comment ? Personnellement que faites-vous pour éviter d'avoir cette maladie Y ? Que font les personnes de votre entourage ?

Pensez-vous que certaines personnes sont naturellement protégées pour ne pas attraper cette maladie Y ? N'ont pas besoin de se protéger ? Pourquoi ? Qu'est-ce qui fait que pour elles, il n'y a pas de risques ?

Si la maladie a été transmise, existe-t-il des moyens d'éviter que la maladie ne se développe ?

## 2.8-Lieux de soins

Quand vous êtes malade, quelle que soit la maladie et sa gravité, où préférez-vous allez-vous faire soigner ? Pourquoi ? Mais encore ? Est-ce que votre choix dépend du type de maladie ? Mais encore ?

Lorsqu'il s'agit d'une maladie grave, d'un cas sérieux, où préférez-vous aller pour consulter ? Pour vous ? Pour un membre de votre famille ? Dans le centre de santé où vous consulter habituellement, où les malades sont-ils envoyés lorsque l'état du malade s'aggrave ? Qui décident de l'évacuation ? Qui décident du lieu ? Est-ce que vous avez des préférences pour certains lieux ?

## III/ La fièvre de Lassa à Tanguiéta, représentation et les pratiques sociales induites

### 3.1-Origine de la fièvre de Lassa

Quelle est l'origine de la fièvre de Lassa selon vous ? D'où vient cette maladie ?

C'est la première fois qu'il y a une épidémie de la fièvre de Lassa au Bénin et à Tanguiéta en particulier ? A votre avis pourquoi ?Et pourquoi maintenant ? Pourquoi pas avant ?

Selon ce que vous savez, est-ce que la fièvre de Lassa est une ancienne maladie ?

Comment cela se fait–il ? A votre avis pourquoi ?

Selon vous qu'est-ce qui a déclenché l'apparition de cette maladie ?

Est-ce que vous entendez des personnes dans votre entourage qui ont un avis différent du vôtre ? Qu'est-ce que les personnes autour de vous disent à propos de l'origine de la maladie ? Mais encore ?

## 3.2- Changement de comportement des populations

Comment avez-vous appris que la fièvre de Lassa est apparue à Tanguiéta ?Par la presse, à la radio, à la télé, des personnes qui sont passées dans les quartiers, dans un centre de santé, etc.

Quels étaient les contenus de ces informations ? Qui les délivraient ? C'était quand ? Qu'est-ce que vous en avez pensé ? Pourquoi ? Est-ce que ça vous paraît une information importante ? Crédible ? Est-ce que cette information a suscité pour vous des questions ? Lesquelles ?

Quand vous avez appris que la fièvre de Lassa a faits des morts, quel était votre état d'âme ? vos comportements ? Comment avez-vous vécu cet événement de l'épidémie de la fièvre de Lassa ? Est-ce les gens ?

Est-ce que cette épidémie a changé certaines choses au Bénin ? Par exemple au niveau des attitudes, des manières de se comporter des personnes que vous connaissez ou que vous croisez ? Des manières de penser ? De quelle manière ? Quand ? Comment ? Avec qui ? Pourquoi ? Que pensez-vous de ces changements ?

Pensez-vous qu'il y ait un risque d'être contaminé par la fièvre de Lassa ? Quelle est selon vous l'importance de ce risque ? Quelles sont les conséquences de la survenue de cas de la fièvre de Lassa à Tanguiéta ? Pour les populations ? Pour les soignants ? Pour le pays ?

Est-ce qu'à votre avis la perception de ce risque a induit des changements de comportements dans les populations et chez certaines catégories de personnes ? Lesquels ? Dans quelles manières ? Pourquoi ? Est-ce que selon vous la peur de la fièvre de Lassa a eu des conséquences ?

Est-ce que vous avez constaté des changements d'attitudes des personnels de santé à l'égard des patients depuis que l'épidémie de Lassa est survenue à Tanguiéta ? Avez-vous vous-mêmes constaté ces changements ces derniers temps ? Pour vous-mêmes ou un membre de votre famille ? Quels sont ces changements ? Qui est concerné ? Quel type de soignants ? Y a-t-il eu des problèmes liés à l'accueil des patients ou des familles en rapport avec la fièvre de Lassa dans certaines formations sanitaires ? Lesquels ? Pourquoi ? Comment le problème est survenu ? Qui a provoqué ce problème ? Comment ? Pourquoi ? Une solution a-t-elle été trouvée ? Laquelle ? Comment ? Par qui ? A votre avis, pourquoi ont-ils changé leur manière d'accueillir, de recevoir ou encore de soigner les personnes qui consultent ?

Pensez-vous que la fièvre de Lassa a induit des perturbations de la confiance des populations à l'égard des soignants ?

Pensez-vous que les soignants sont plus réticents à prendre en charge des patients présentant des tableaux sémiologiques proches de la fièvre de Lassa ?

Pensez-vous que l'existence de l'épidémie de la fièvre Lassa nécessite de repenser l'accueil des malades et des familles dans les structures de soins ?

Pensez-vous que l'existence de l'épidémie de la fièvre de Lassa nécessite de repenser l'organisation des soins dans les structures de santé? Idem au niveau de votre service ?

Est-ce que cette épidémie a changé des choses pour vous ? Dans votre vie de tous les jours, dans votre famille, avec vos amis, etc. ? De quelle manière ? Quand ? Depuis quand ? Comment ? Avec qui ? Pourquoi ?

Est-ce que cette épidémie a changé des choses dans vos activités professionnelles ? Quoi ? Pourquoi ces changements ? Que pensez-vous de ces changements ? Qui a impulsé ces changements ? Pourquoi ? En quoi consistent exactement ces changements ? Quelles sont les conséquences de ces changements sur votre manière de travailler ?

A votre connaissance, existe-t-il des catégories de populations, des professions particulières, qui sont plus exposées que les autres au risque de la fièvre de Lassa ? Lesquelles ? Pourquoi ? Que devrait-on faire pour éviter ça ? Faut-il avoir des attitudes particulières à l'égard de ces populations ou de ces professionnels ?

Pensez-vous que la perception du risque par les populations est adaptée ?

Pensez-vous que les populations ont raison d'avoir peur ?

La peur des populations semble pouvoir induire des comportements sociaux particuliers, parfois violents ?

En avez-vous entendez parlez ? De quels types de comportements était-il question ? Quand cela s'est-il déroulé ? Où ? Avec quelle personne ? Etc.

### 3.3-Moyen de prévention de la fièvre de Lassa

Quels sont les différents moyens de prévention de la fièvre de Lassa ?

Que peut- on faire pour éviter la fièvre de Lassa ?

Est-ce qu'il existe plusieurs moyens de prévention de la fièvre de Lassa ?

Quels sont les principaux facteurs individuels, socio-économiques et culturels qui influencent la prévention de la fièvre de Lassa ?

Quelles sont vos suggestions, vos propositions, vos recommandations pour mieux lutter efficacement contre la fièvre de Lassa ?

Quel est le rôle joué par les leaders religieux dans la lutte contre la fièvre de Lassa à Tanguiéta ?

### 3.4-Lieu du traitement et recours thérapeutique des cas suspects et cas avérés de la fièvre de Lassa

Comment s'est passé le traitement ou le soin des malades de la fièvre de Lassa ?

Quand les gens étaient malades de la fièvre de Lassa, quels sont les soignants, les lieux de soins, les recours qui existent dans la ville de Tanguiéta et ses environs ?

Lorsqu'il s'agit, des cas suspects ou avérés, où les malades sont-ils envoyés ? Qui décide de l'évacuation ? Qui décide du lieu ? Est-ce que vous avez des préférences pour certains lieux ?

Comment peut-on traiter/soigner la fièvre de Lassa ?

Qu'est-ce qu'on peut faire pour soigner la fièvre de Lassa ?

Avec quels types de produits soigne-t-on la fièvre de Lassa ?

Où peut-on se procurer ces produits ?

A quel niveau de l'organisme humain agit la fièvre de Lassa ?

La fièvre de Lassa est transmise par quoi ? Est-elle transmissible d'un être vivant à un autre ?

Est-ce que vous connaissez les médicaments qui servent à traiter la fièvre de Lassa ? Est-ce que vous pouvez me les citer ?

Quelle est la posologie prescrite ? C'est-à-dire combien de fois il faut les prendre, comment faut-il les prendre ? A quel moment de la journée il faut les prendre ?

## 3.5-Risque et gravité de la fièvre de Lassa

Est-ce que vous pensez que la fièvrede Lassa est une maladie grave ?

Pourquoi est-elle grave ? De quel point de vue ?

Que pensez-vous du risque d'attraper la fièvre de Lassa ?

Est-ce que ce risque vous semble préoccupant ? Inquiétant ?

Les personnes autour de vous en parle-t-elle ? De quelle manière ?

Est-ce que vous pensez que certaines personnes ont peur de cette maladie ?

Comment se manifeste leur peur ? Est-ce que vous pensez que c'est normal d'en avoir peur ? Est-ce que vous trouvez que la peur a changé ces derniers mois ?

Est-elle aussi grave pour tout le monde ? Pour les femmes ? Pour les hommes ? Pour les enfants

# Lettre d'autorisation du Ministre de la santé

**IRD**
Institut de recherche
pour le développement

MiVEGEC

Cotonou, le 03 Avril 2014

Dr Marc Egrot
Anthropologue & médecin
Chercheur en anthropologie de la santé
UMR 224 MIVEGEC - Institut de Recherche pour le Développement (IRD) IRD/CREC, 01 BP 4414 RP
Cotonou
marc.egrot@ird.fr / + 226 66730404

DrRochHoungnihin
Anthropologue
Directeur Adjoint du Département de Sociologie et d'Anthropologie Université d'Abomey-Calavi, 072
BP 445 Cotonou - Bénin
roch_houngnihin2001@yahoo.fr / +229 95.06.13.35/ 66.97.92.45 (Mobile)

A Madame le Ministre de la Santé

Cotonou

Objet : Information sur le programme EbBen (*L'épidémie d'Ebola et le Bénin : construction sociale des rumeurs, discours et pratiques relatifs à la maladie à virus Ebola et aux mesures préventives*)

Madame le Ministre,

Face à l'épidémie de la maladie à virus Ebola (MVE), votre ministère a développé dès le début des évènements une stratégie de riposte, de communication et d'information. Des mesures préventives et des formations des professionnels de santé ont été instaurées, des centres de traitement identifiés et aménagés

Néanmoins, les populations et les professionnels de santé restent inquiets ; les informations qui circulent sont diverses et hétérogènes. Or ces sentiments d'inquiétude, d'anxiété, voire de peur que ressentent certains acteurs sociaux, en population ou parmi les soignants, sont susceptibles d'entraîner une modification insidieuse mais considérable des relations et des pratiques sociales. La crainte de cette maladie est également amplifiée par des rumeurs, qui viennent complexifier et entraver la maîtrise de l'épidémie et l'action de santé publique.

Dans un tel contexte, la confiance des populations envers les services sanitaires pourrait rapidement s'altérer, comme cela a été décrit dans les pays en phase épidémique par les anthropologues des équipes OMS. La destruction du centre d'isolement d'Ahouansori-Agué (Cotonou) par les populations en est un exemple particulièrement emblématique.

Un consensus existe au sein des institutions chargées d'organiser la lutte contre la MVE sur la nécessité d'associer le plus tôt possible des anthropologues afin d'analyser ces aspects sociaux et ainsi adapter les réponses en fonction des événements, des rumeurs et des réactions sociales, professionnelles et politiques. Pour mettre en place un plan de riposte contre le MVE, il est nécessaire pour le ministère de la santé de composer en permanence avec les avis d'experts, les rumeurs circulantes, les usages sociaux et politiques de la maladie, ou encore avec les perceptions que les populations et les professionnels de la santé construisent à propos du risque de contagion et des mesures de prise en charge mise ne place..

En lien étroit avec le plan de riposte du ministère de la santé, le projet EbBen (*L'épidémie d'Ebola et le Bénin : construction sociale des rumeurs, discours et pratiques relatifs à la maladie à virus Ebola et aux mesures préventives*) adopte une approche opérationnelle. Il s'agit d'un programme de recherche coordonné par Marc Egrot (anthropologue et médecin, chercheur à l'IRD) et par Roch Houngnihin (enseignant-chercheur au Département de Sociologie et d'Anthropologie de l'Université d'Abomey Calavi, anthropologue au Ministère de la Santé). Les objectifs à cette étude sont de : 1/ Recueillir la chronologie des évènements relatifs à la MVE au Bénin ;
2/ Développer une analyse anthropologique des informations circulant dans les médias et les réseaux sociaux et produire une analyse anthropologique des discours et des rumeurs ;
3/ Réaliser une ethnologie des dispositifs de surveillance et de signalement des cas ;      4/ Réaliser une ethnologie de la prise en charge des cas suspects.

Ce projet est affilié au réseau SHS-Ebola (shsebola.hypotheses.org/) dont le siège est à Dakar (Sénégal). Ce réseau réunit des équipes en sciences sociales travaillant sur la MVE en Afrique de l'Ouest. Il vise à produire une animation et une coordination de la recherche en anthropologie autour de la MVE, un partage des expériences, des outils et des recommandations.

Plusieurs financements ont été obtenus (IRD, IMMI, FEI-initiative 5%) pour mettre en œuvre le projet EbBen pour une durée de 12 mois.

Madame le Ministre, connaissant l'importance que vous accordez à la recherche en santé, et en particulier aux recherche en sciences sociales dans ce domaine,, nous venons par la présente, porter à votre connaissance l'existence du projet EbBen qui démarrera bientôt, sous réserve de l'avis du comité d'éthique (CER-ISBA). Nous restons bien évidemment à votre disposition et à celle des services techniques de votre ministère, pour toute rencontre ou tout échange qui vous semblerait nécessaire, mais également pour bénéficier de vos conseils et recommandations.

Dans l'attente d'un début effectif de cette recherche, nous souhaiterions également attirer votre attention sur le fait que certains étudiants travaillant sur ce programme seront amenés à faire des recherches sur les perceptions et vécus des mesures de surveillance et de dépistage des cas de MVE aux frontières terrestres et aéroportuaires, mais également sur la prise en charge des cas suspects dans différentes structures hospitalière du pays.. A cet effet, nous voudrions respectueusement, vous demander de bien vouloir instruire vos services compétents à ces lieux, afin qu'ils y facilitent la collecte de données servent de facilitateurs pour les chercheurs.

Convaincus de l'intérêt que vous porterez à cette étude, nous vous prions d'agréer, Madame le Ministre, l'assurance de notre haute considération.

Dr Marc Egrot                                     DrRochHoungnihin

# AVIS ÉTHIQUE

RÉPUBLIQUE DU BÉNIN

MINISTÈRE DE L'ENSEIGNEMENT SUPÉRIEUR ET DE LA RECHERCHE SCIENTIFIQUE

## INSTITUT DES SCIENCES BIOMÉDICALES APPLIQUÉES

**I. S. B. A.**

Comité d'Ethique de la Recherche

CER-ISBA

## DECISION ETHIQUE FAVORABLE

### N°65 du 03/07/2015

**LE PRESIDENT**

## A

**Monsieur EGROT Marc et
Collaborateurs**

Monsieur,

Votre protocole de recherche intitulé « **L'épidémie d'Ebola et le Bénin : construction sociale des rumeurs, discours et pratiques relatives à la maladie à virus Ebola et aux mesures préventives** » a été évalué par le Comité d'Ethique de la Recherche de l'ISBA composé des membres suivants:

- Karim DRAMANE
- Fatiou TOUKOUROU
- Adolphe KPATCHAVI
- Thérèse AGOSSOU
- Marius KEDOTE
- NDARAH Christelle

- Lucie AYI-FANOU
- Reine AZIFAN
- Zabulon DJARRA
- Théodora KANGNI EHOUZOU
- Priscilla POSSY BERRY QUENUM

Sur la base de :

1. documents suivants soumis le 17 avril 2015 :
   ➤ résumé détaillé du protocole de recherche ;
   ➤ protocole de recherche ;
   ➤ avis scientifiques du protocole de recherche ;
   ➤ budget de recherche ;
   ➤ notes d'information ;
   ➤ formulaire de consentement ;
   ➤ guides d'entretien auprès des soignants et des populations ;

1/2

01 B.P. 918   Tél. :   21 30 55 65   E-mail : isba@intnet.bj   COTONOU (République du Bénin)
Site Web : www.isbabenin.com

> ➢ engagement du chercheur principal à respecter les principes éthiques fixés par le CER-ISBA ;

2. de vos réponses lors de l'évaluation du dossier par le CER-ISBA en sa session du jeudi 30 avril 2015 ;

3. de la nouvelle version du protocole de recherche et la note d'information, de l'ajout de l'avis scientifique et CV d'un évaluateur béninois soumis le 29 juin 2015 ;

le comité d'éthique de la recherche de l'ISBA a évalué les aspects scientifiques et éthiques conformément aux normes nationales en vigueur.

Par conséquent, le CER-ISBA vous accorde **sa décision favorable** pour la mise en œuvre de la recherche au Bénin.

Cette décision est valable pour une période d'un (01) an à compter de sa date de signature.

Par ailleurs, le CER-ISBA vous demande de :

1) L'informer de toute nouvelle information / modification, qui surviendrait à une date ultérieure à cette approbation-ci et qui impliquerait des changements dans le choix des sujets, dans la manière d'obtenir leur consentement, les risques encourus survenant dans le cadre du déroulement de cette recherche. Le CER-ISBA doit, en effet, dans ces cas, réévaluer et donner une nouvelle approbation avant l'entrée en vigueur desdites modifications ;

2) Utiliser les documents qu'il a validés (protocole, notes d'information, formulaires de consentement, etc.) ;

3) Conserver dans vos dossiers, les versions originales des formulaires de consentement signés par les participants de recherche ou leurs témoins ;

4) Lui adresser **un rapport annuel** de la recherche.

Tout en vous souhaitant pleins succès pour la réalisation de votre recherche, le CER-ISBA vous remercie pour la confiance à lui accordée.

Cotonou, le 03 juillet 2015

Le Vice-président

Prof. Fatiou TOUKOUROU

2/2

97

# Lettre d'information

| **IRD** Institut de recherche pour le développement | | **MiVEGEC** | |
|---|---|---|---|
| **Programme de rechercheEbBen** | | | |
| **Responsables scientifiques** | | | |
| Marc Egrot, anthropologue et médecin<br>UMR 224 MIVEGEC<br>Institut de Recherche pour le Développement (IRD)<br>marc.egrot@ird.fr | | RochHoungnihin, anthropologue<br>DS-A, FLASH<br>Université d'Abomey Calavi (UAC)<br>roch_houngnihin2001@yahoo.fr | |

Cotonou, le 03 Juillet 2015

A

**Monsieur le Directeur**
**Hôpital de Zone de Tanguiéta**
**Tanguiéta**

**Objet :** *Information sur le programme EbBen et demande*
*d'autorisation*
*d'accès à la zone sanitaire de Tanguiéta.*

Monsieur le Directeur,

Par la présente lettre, nous souhaitons vous informer du démarrage d'un programme de recherche mené conjointement par le Département de Sociologie et d'Anthropologie (DSA) de l'Université d'Abomey-Calavi (UAC) et l'Institut de Recherche pour le Développement (IRD), intitulé EbBen : *L'épidémie d'Ebola et le Bénin : construction sociale des rumeurs, discours et pratiques relatifs à la maladie à virus Ebola et aux mesures préventives.*

Basé sur une approche opérationnelle, ce programme est exécuté en lien étroit avec le plan de riposte du Ministère de la Santé. Il est coordonné par MarcEgrot (anthropologue et médecin, chercheur à l'IRD) et par Roch Houngnihin (enseignant-chercheur au DSA/UAC, anthropologue au Ministère de la Santé). Son objectif est de développer une analyse anthropologique des informations circulant dans les médias, des Il est prévu des investigations autour de la question de la surveillance épidémiologique et la perception des mesures mises en discours et des rumeurs ; des dispositifs de surveillance, de veille, de prévention et de signalement des cas ; des prises en charge d'éventuels cas suspects ou avérés.

Œuvre par les différents acteurs concernés : agents de santé, voyageurs, vendeurs, etc. Afin de pouvoir mettre en œuvre cet axe de notre programme, nous avons prévu de vous rencontrer, afin de vous informer du déroulement de ce programme et de discuter avec vous des conditions d'accès aux centres de santé sur une période de troismois à compter de juillet 2015. Nous souhaiterions également vous demander de bien vouloir instruire vos services, afin qu'ils puissent faciliter la collecte de données et servent de facilitateurs pour les chercheurs.

Dans l'attente d'une suite favorable, nous vous prions d'agréer, Monsieur le Directeur, l'assurance de notre haute considération.

**DrRoch A. HOUNGNIHIN**

P.J
- Résumé du programme EbBen
- Lettre d'accord du Ministère de la Santé
- Avis favorable du Comité d'Ethique de la Recherche.

**Annexe 3 : Fiche d'identification des enquêtés**

*Date                    Quartier :                         Commune :*

*Anthropologue ayant fait l'entretien (initiales) :*

*Transcripteur (initiales) :*

I/ IDENTIFICATION

-Code entretien :

- Age :                              Sexe :

- Langues parlées :

- Identité(s) ethnique(s) revendiquée(s) par EGO

- Niveau scolaire  :        Scolarisé : Oui ☐             Non    ☐

                                       Si oui, niveau d'étude :

                                       Sinon, Alphabétisé ? Oui ☐        Non    ☐

- Origine  :    Né(e) sur le lieu de l'enquête (quartier urbain, village)  :    Oui ☐ Non

☐     Lieu de naissance :

- Religion (en étant le plus précis possible et surtout en notant le plus scrupuleusement possible l'identité religieuse telle que la personne l'énonce) :

-Situation matrimoniale  : Marié Oui ☐        Non      ☐

Si oui, mariage civil ☐        coutumier ☐religieux ☐

Célibataire ☐   Veuf/Veuve ☐ Divorcé(e) ☐   Concubinage☐Lévirat ☐ Polygamie ☐

Nb  :....

-Nombre d'enfants

☐- de 5 ans        ☐        5 à 18 ans :        ☐        + de18 ans :

-Nombre de personnes à charge dans le foyer/ménage/ cour (financièrement)

        * Conjoint(e-s) d'ego  : oui ☐ non ☐  combien en cas de polygamie  : ...

        * Nombre d'enfants d'Ego

        Enfants jusqu'à 17 ans :        ☐

        Autres personnes        ☐

*Dans la famille élargie

        Père :  ☐   Mère : ☐Frères et sœurs :        ☐

        Autres parents :        ☐Préciser :

        Autres personnes dépendantes hors de la parenté : ☐Préciser :

100

-Profession(s)/Occupation d'ego :

- Profession/occupation du conjoint (de la conjointe ; des conjointes) :

   Moyen de déplacement habituellement utilisé

   Structure de santé la plus proche : ……………………………………………

Structure de santé la plus fréquentée : …………………………………….

Raison de fréquentation : …………………………………………………….

Formulaire de consentement


Je soussigné(e) M…………………………………, certifie avoir parfaitement compris le contenu du présent formulaire et de la note d'information qui m'ont été présentés et commentés. J'en ai discuté avec M …………………… qui m'a expliqué la nature et les objectifs de cette étude. J'atteste avoir eu la possibilité de poser toutes les questions que je souhaitais et avoir obtenu des réponses satisfaisantes pour chacune d'entre elles. J'ai eu la possibilité de faire appel à une tierce personne pour éclaircir l'ensemble des interrogations soulevées par ma participation à cette étude. Je comprends les conditions de ma participation, en particulier que j'avais la possibilité de ne pas participer à cette étude et que malgré mon accord à participer, j'ai le droit de refuser de répondre à certaines des questions qui me seront posées lors des entretiens sans avoir à fournir de justification. Je connais la possibilité qui m'est réservée d'interrompre à tout moment ma participation à cette étude sans avoir à justifier ma décision, ni à en subir un quelconque préjudice.

J'atteste avoir été informé des faits suivants :
- Les personnes qui réalisent cette recherche sont tenues au respect du secret professionnel et s'engagent à prendre les mesures nécessaires à la conservation de la plus stricte confidentialité. Mon identité fera l'objet d'une codification avant enregistrement et traitement informatique et ne sera jamais mentionnée dans les publications qui en découleront,
- L'entrevue bien que ne comprenant aucun acte médical (ni consultation, ni prélèvement, ni soin, ni traitement) est en lien avec la construction sociale des rumeurs, discours et pratiques relatives à la maladie à virus Ebola et aux mesures préventives.

**J'accepte que les données recueillies à l'occasion de cette étude puissent faire l'objet d'un traitement informatique et de publications scientifiques. J'ai bien noté que mon droit d'accès aux données me concernant s'exerce à tout moment pendant la durée de l'étude auprès des chercheurs et que je pourrai exercer mon droit de rectification et d'opposition.**

Mon consentement ne décharge en rien les personnes réalisant cette étude de leurs responsabilités. J'accepte librement de participer à cette étude dans les conditions précisées dans la note d'information et dans ce document.

Fait à .........................., le ...............................

*Signature*

---

Je soussigné(e)........................................................................................................,
chercheur menant l'entretien, certifie avoir communiqué à Mr
...................................................................................................., toutes les
informations utiles sur les objectifs et les modalités de cette étude.

Je m'engage à faire respecter les termes de ce formulaire de consentement, afin de mener cette étude dans les meilleures conditions, conciliant le respect des droits et des libertés individuelles et les exigences d'un travail scientifique.

Fait à .........................., le ...............................

*Signature*

---

*Facultatif en cas de participation d'un tiers à l'expression du consentement* :

Je soussigne(e) M..................................., certifie que M.................................. a été informé dans la clarté des objectifs et des conditions de réalisation de l'étude et que l'expression du consentement s'est faite en toute liberté.

Fait à .........................., le ............................... Signature

# Tables des matières

www.ingramcontent.com/pod-product-compliance
Lightning Source LLC
Chambersburg PA
CBHW062043270326
41929CB00014B/2522